Élisée Reclus

L'évolution, la révolution et l'idéal anarchique

essai

ISBN : 978-1511500005

10 9 8 7 6 5 4 3 2 1

Élisée Reclus

L'évolution, la révolution et l'idéal anarchique

essai

Table de Matières

Avertissement

Ce livre est le développement d'un discours prononcé il y a plus de vingt ans dans une réunion publique de Genève et publie depuis en brochures de diverses langues.

Elisée Reclus,
Bruxelles, 15juillet 1902

Chapitre I

Évolution de l'Univers
et révolutions partielles

Évolution de l'Univers et révolutions partielles - Acception fausse des termes « Évolution » et « Révolution » - Évolutionnistes hypocrites, timorés ou à courtes vues -Évolution et Révolution, deux stades successifs d'un même phénomène.

L'évolution est le mouvement infini de tout ce qui existe, la transformation incessante de l'univers et de toutes ses parties depuis les origines éternelles et pendant l'infini des âges. Les voies lactées qui font leur apparition dans les espaces sans bornes, qui se condensent et se dissolvent pendant les millions et les milliards de siècles, les étoiles, les astres qui naissent, qui s'agrègent et qui meurent, notre tourbillon solaire avec son astre central, ses planètes et ses lunes, et, dans les limites étroites de notre petit globe terraqué, les montagnes qui surgissent et qui s'effacent de nouveau, les océans qui se forment pour tarir ensuite, les fleuves qu'on voit perler dans les vallées puis se dessécher comme la rosée du matin, les générations des plantes, des animaux et des hommes qui se succèdent, et nos millions de vies imperceptibles, de l'homme au moucheron, tout cela n'est que phénomène de la grande évolution, entraînant toutes choses dans son tourbillon sans fin.

En comparaison de ce fait primordial de l'évolution et de la vie *universelle, que* sont tous *ces* petits événements appelés révolutions, astronomiques, géologiques ou politiques ? Des vibrations presque insensibles, des apparences, pourrait-on dire. C'est par myriades et par myriades que les révolutions se succèdent dans l'évolution universelle ; mais, si minimes qu'elles soient, elles font partie de ce mouvement infini.

Ainsi la science ne voit aucune opposition entre ces deux mots - évolution et révolution - qui se ressemblent fort, mais qui, dans le langage commun, sont employés dans un sens complètement distinct de leur signification première. Loin d'y voir des faits du même ordre ne différant que par l'ampleur du mouvement, les hommes timorés que tout changement emplit d'effroi affectent de donner aux deux termes un sens absolument opposé. *L'Évolution,* synonyme de développement graduel, continu, dans les idées et dans les mœurs, est présentée comme si elle était le contraire de cette chose effrayante, la *Révolution,* qui implique des changements plus ou moins brusques dans les faits. C'est avec un enthousiasme apparent, ou même sincère, qu'ils discourent de l'évolution, des progrès lents qui s'accomplissent dans les cellules cérébrales, dans le secret des intelligences et des coeurs ; mais qu'on ne leur parle pas de l'abominable révolution, qui s'échappe soudain des esprits pour éclater dans les rues, accompagnée parfois des hurlements de la foule et du fracas des armes.

Constatons tout d'abord que l'on fait preuve d'ignorance en imaginant entre l'évolution et la révolution un contraste de paix et de guerre, de douceur et de violence. Des révolutions peuvent s'accomplir pacifiquement, par suite d'un changement soudain du milieu, entraînant une volte-face dans les intérêts ; de même des évolutions peuvent être fort laborieuses, entremêlées de guerres et de persécutions. Si le mot d'évolution est accepté volontiers par ceux-là même qui voient les révolutionnaires avec horreur, c'est qu'ils ne se rendent point compte de sa valeur, car de la chose elle-même ils ne veulent à aucun prix. Ils parlent bien du progrès en termes généraux, mais ils repoussent *le* progrès *en* particulier. Ils trouvent que la société actuelle, toute mauvaise qu'elle est et qu'ils la voient eux-mêmes, est bonne à conserver ; il leur suffit qu'elle réalise leur idéal : richesse, pouvoir, considération, bien-être. Puisqu'il y a des riches et des pauvres, des puissants et des sujets, des maîtres et des serviteurs, des Césars qui ordonnent le combat et des gladiateurs qui vont mourir, les gens avisés n'ont qu'à se mettre du côté des riches et des maîtres, à se faire les courtisans des Césars. Cette société donne du pain, de l'argent, des places, des honneurs, eh bien ! que les hommes d'esprit s'arrangent de manière à prendre leur part, et la plus large possible, de tous les présents du destin ! Si quelque bonne étoile, présidant à leur naissance, les a dispensés de toute lutte en leur donnant pour héritage le nécessaire et le superflu, de quoi se plaindraient-ils ? Ils cherchent à se persuader que tout le monde est aussi satisfait qu'ils le sont eux-mêmes : pour l'homme repu, tout le monde a bien dîné. Quant à l'égoïste que la société n'a pas richement loti dès son berceau

Élisée Reclus

et qui, pour lui-même, est mécontent de l'état des choses, du moins peut-il espérer de conquérir sa place par l'intrigue ou par la flatterie, par un heureux coup du sort ou même par un travail acharné mis au service des puissants. Comment s'agirait-il pour lui d'évolution sociale ? Évoluer vers la fortune est sa seule ambition ! Loin de rechercher la justice pour tous, il lui suffit de viser au privilège pour sa propre personne.

Il est cependant des esprits timorés qui croient honnêtement à l'évolution des idées, qui espèrent vaguement dans une transformation correspondante des choses, et qui néanmoins, par un sentiment de peur instinctive, presque physique, veulent, au moins de leur vivant, éviter toute révolution. Ils l'évoquent et la conjurent en même temps : ils critiquent la société présente et rêvent de la société future comme si elle devait apparaître soudain, par une sorte de miracle, sans que le moindre craquement de rupture se produise entre le monde passé et le monde futur. Êtres incomplets, ils n'ont que le désir, sans avoir la pensée ; ils imaginent, mais ils ne savent Point vouloir. Appartenant aux deux mondes à la fois, ils sont fatalement condamnés à les trahir l'un et l'autre : dans la société des conservateurs, ils sont un élément de dissolution par leurs idées et leur langage ; dans celle des révolutionnaires, ils deviennent réacteurs à outrance, abjurant leurs instincts de jeunesse et, comme le chien dont parle l'Évangile « retournant à ce qu'ils avaient vomi ». C'est ainsi que, pendant la Révolution, les défenseurs les plus ardents de l'Ancien Régime furent ceux qui jadis l'avaient poursuivi de leurs risées : de précurseurs, ils devinrent renégats. Ils s'apercevaient trop tard, comme les inhabiles magiciens de la légende, qu'ils avaient déchaîné une force trop redoutable pour leur faible volonté, pour leurs timides mains.

Une autre classe d'évolutionnistes est celle des gens qui dans l'ensemble des changements à accomplir n'en voient qu'un seul et se vouent strictement, méthodiquement, à sa réalisation, sans se préoccuper des autres transformations sociales. Ils ont limité, borné d'avance leur champ de travail. Quelques-uns, gens habiles, ont voulu de cette manière se mettre en paix avec leur conscience et travailler pour la révolution future sans danger pour eux-mêmes. Sous prétexte de consacrer leurs efforts à une réforme de réalisation prochaine, ils perdent complètement de vue tout idéal supérieur et l'écartent même avec colère afin qu'on ne les soupçonne pas de le partager. D'autres, plus honnêtes ou tout à fait respectables, même vaguement utiles à l'achèvement du grand œuvre, sont ceux qui en effet n'ont, par étroitesse d'esprit, qu'un seul progrès en vue. La sincérité de leur pensée et de leur conduite les place au-dessus de la critique : nous les disons nos frères, tout en reconnaissant avec chagrin combien est étroit le champ de lutte dans lequel ils sont cantonnés et comment, par leur unique et spéciale colère contre un seul abus, ils semblent tenir pour justes toutes les autres iniquités.

Je ne parle pas de ceux qui ont pris pour objectifs, d'ailleurs excellents, soit la réforme de l'orthographe, soit la réglementation de l'heure ou le changement du méridien, soit encore la suppression des corsets ou des bonnets à poil ; mais il est des propagandes plus sérieuses qui ne prêtent point au ridicule et qui demandent chez leurs protagonistes courage, persévérance et dévouement. Dès qu'il y a chez les novateurs droiture parfaite, ferveur du sacrifice, mépris du danger, le révolutionnaire leur doit en échange sympathie et respect. Ainsi quand nous voyons une femme pure de sentiments, noble de caractère, intacte de tout scandale devant l'opinion, descendre vers la prostituée et lui dire : « Tu es ma sœur ; je viens m'allier avec toi pour lutter contre l'agent des mœurs qui t'insulte et met la main sur ton corps, contre le médecin de la police qui te fait appréhender par des argousins et te viole par sa visite, contre la société tout entière qui te méprise et te foule aux pieds », nul de nous ne s'arrête à des considérations générales pour marchander son respect à la vaillante évolutionniste en lutte contre l'impudicité du monde officiel. Sans doute, nous pourrions lui dire que toutes les révolutions se tiennent, que la révolte de l'individu contre l'État embrasse la cause du forçat ou de tout autre réprouvé, aussi bien que celle de la prostituée ; mais nous n'en restons pas moins saisis d'admiration pour ceux qui combattent le bon combat dans cet étroit champ clos. De même nous tenons pour des héros tous ceux qui, dans n'importe quel pays, en n'importe quel siècle, ont su se dévouer sans arrière-pensée pour une cause commune, si peu large que fût leur horizon ! Que chacun de nous les salue avec émotion et qu'il se dise : « Sachons les égaler sur notre champ de bataille, bien autrement vaste, qui comprend la terre entière ! »

En effet, l'évolution embrasse l'ensemble des choses humaines et la révolution doit l'embrasser aussi, bien qu'il n'y ait pas toujours un pa-rallélisme évident dans les événements partiels dont se compose l'en-semble de la vie des sociétés. Tous les progrès sont solidaires, et nous les désirons tous dans la mesure de nos connaissances et de notre force : progrès sociaux et politiques, moraux et matériels, de science, d'art ou d'industrie. Évolutionnistes en toutes choses, nous sommes également révolutionnaires en tout, sachant que l'histoire même n'est que la série des accomplissements, succédant à celle des préparations. La grande évolution intellectuelle, qui émancipe les esprits, a pour conséquence logique l'émancipation, en fait, des individus dans tous leurs rapports avec les autres.

On peut dire ainsi que l'évolution et la révolution sont les deux actes successifs d'un même phénomène, l'évolution précédant la révolution, et celle-ci précédant une évolution nouvelle, mère de révolutions futu-res. Un changement peut-il se faire sans amener de soudains déplace-ments d'équilibre dans la vie ? La révolution ne doit-elle pas nécessai-rement succéder à l'évolution, de même que l'acte succède à la volonté d'agir ? L'un et l'autre ne diffèrent que par l'époque de leur apparition. Qu'un éboulis barre une rivière, les eaux s'amassent peu à peu au-des-sus de l'obstacle, et un lac se forme par une lente évolution ; puis tout à coup une infiltration se produira dans la digue d'aval, et la chute d'un caillou décidera du cataclysme : le barrage sera violemment emporté et le lac vidé redeviendra rivière. Ainsi aura lieu une petite révolution terrestre.

Si la révolution est toujours en retard sur l'évolution, la cause en est à la résistance des milieux : l'eau d'un courant bruit entre ses rivages parce que ceux-ci la retardent dans sa marche ; la foudre roule dans le ciel par-ce que l'atmosphère s'est opposée à l'étincelle sortie du nuage. Chaque transformation de la Matière, chaque réalisation d'idée est, dans la période même du changement, contrariée par l'inertie du Milieu, et le phénomène nouveau ne peut s'accomplir que par un effort d'autant plus violent ou par une force d'autant plus puissante, que la résistance est plus grande. Herder parlant de la Révolution française l'a déjà dit - « La semence tombe dans la terre, longtemps elle parait morte, puis tout à coup elle pousse son aigrette, déplace la terre dure qui la recou-vrait, fait violence à l'argile ennemie, et la voilà qui devient plante, qui

fleurit et mûrit son fruit. » Et l'enfant, comment naît-il ? Après avoir sé-
journé neuf mois dans les ténèbres du ventre maternel, c'est aussi avec
violence qu'il s'échappe en déchirant son enveloppe, et parfois même
en tuant sa mère. Telles sont les révolutions, conséquences nécessaires
des évolutions qui les ont précédées.

Les formules proverbiales sont fort dangereuses, car on prend volontiers l'habitude de les répéter machinalement, comme pour se dispen-
ser de réfléchir. C'est ainsi qu'on rabâche partout le mot de Linné :
« *Non facit saltus natura.* » Sans doute « la nature ne fait pas de sauts »,
mais chacune de ses évolutions s'accomplit par un déplacement de forces vers un point nouveau. Le mouvement général de la vie dans chaque
être en particulier et dans chaque série d'êtres ne nous montre nulle
part une continuité directe, mais toujours une succession indirecte,
révolutionnaire, pour ainsi dire. La branche ne s'ajoute pas en longueur
à une autre branche. La fleur n'est pas le prolongement de la feuille, ni le
pistil celui de l'étamine, et l'ovaire diffère des organes qui lui ont donné
naissance. Le fils n'est pas la continuation du père ou de la mère, mais
bien un être nouveau. Le progrès se fait par un changement continuel
des points de départ pour chaque individu distinct. De même pour les
espèces. L'arbre généalogique des êtres est, comme l'arbre lui-même,
un ensemble de rameaux dont chacun trouve sa force de vie, non dans
le rameau précédent, mais dans la sève originaire. Pour les grandes évolutions historiques, il n'en est pas autrement. Quand les anciens cadres,
les formes trop limitées de l'organisme, sont devenus insuffisants, la vie
se déplace pour se réaliser en une formation nouvelle. Une révolution
s'accomplit.

Élisée Reclus

Chapitre II

Révolutions progressives
et révolutions régressives

Révolutions progressives et révolutions régressives - Événements complexes, à la fois progrès et regrès - Fausse attribution du progrès à la volonté d'un maître ou à l'action des lois - Renaissance, réforme, Révolution française.

Toutefois les révolutions ne sont pas nécessairement un progrès, de même que les évolutions ne sont pas toujours orientées vers la justice. Tout change, tout se meut dans la nature d'un mouvement éternel, mais s'il y a progrès il peut y avoir aussi recul, et si les évolutions tendent vers un accroissement de vie, il y en a d'autres qui tendent vers la mort. L'arrêt est impossible, il faut se mouvoir dans un sens ou dans un autre, et le réactionnaire endurci, le libéral douceâtre qui poussent des cris d'effroi au mot de révolution, marchent quand même vers une révolution, la dernière, qui est le grand repos. La maladie, la sénilité, la gangrène sont des évolutions au même titre que la puberté. L'arrivée des vers dans le cadavre, comme le premier vagissement de l'enfant, indique qu'une révolution s'est faite. La physiologie, l'histoire, sont là pour nous montrer qu'il est des évolutions qui s'appellent décadence et des révolutions qui sont la mort.

L'histoire de l'humanité, bien qu'elle ne nous soit à demi connue que pendant une courte période de quelques milliers d'années, nous offre déjà des exemples sans nombre de peuplades et de peuples, de cités et d'empires qui ont misérablement péri à la suite de lentes évolutions entraînant leur chute. Multiples sont les faits de tout ordre qui ont pu déterminer ces maladies de nations, de races entières. Le climat et le sol peuvent avoir empiré, comme il est arrivé certainement pour de vastes étendues dans l'Asie centrale, où lacs et fleuves se sont desséchés, où des efflorescences salines ont recouvert des terrains jadis fertiles. Les invasions de hordes ennemies ont ravagé certaines contrées, tellement à fond qu'elles en restèrent désolées à jamais. Cependant mainte nation a pu refleurir après la conquête et les massacres, même après des siècles d'oppression : si elle retombe dans la barbarie ou meurt complètement, c'est en elle et dans sa constitution intime, non dans les circonstances extérieures, qu'il faut surtout chercher les raisons de sa régression et de sa ruine. Il existe une cause majeure, la cause des causes, résumant l'histoire de la décadence. C'est la constitution d'une partie de la société en maîtresse de l'autre partie, c'est l'accaparement de la terre, des capitaux, du pouvoir, de l'instruction, des honneurs par un seul ou par une aristocratie. Dès que la foule imbécile n'a plus le ressort de la révolte contre ce monopole d'un petit nombre d'hommes, elle est virtuellement morte ; sa disparition West qu'une affaire de temps. La peste noire arrive bientôt pour nettoyer cet inutile pullulement d'individus sans liberté. Les massacreurs accourent de l'Orient ou de l'Occident, et le désert se fait à la place des cités immenses. Ainsi moururent l'Assyrie et l'Égypte, ainsi s'effondra la Perse, et quand tout l'Empire romain appartint à quelques grands propriétaires, le barbare eut bientôt remplacé le prolétaire asservi.

Il n'est pas un événement qui ne soit double, à la fois un phénomène de mort et un phénomène de renouveau, c'est-à-dire la résultante d'évolutions de décadence et de progrès. Ainsi la chute de Rome constitue, dans son immense complexité, tout un ensemble de révolutions correspondant à une série d'évolutions, dont les unes ont été funestes et les autres heureuses. Certes, ce fut un grand soulagement pour les opprimés que la ruine de la formidable machine d'écrasement qui pesait sur le monde ; ce fut aussi à maints égards une heureuse étape dans l'histoire de l'humanité que l'entrée violente de tous les Peuples du nord dans le monde de la civilisation ; de nombreux asservis retrouvèrent dans la tourmente un peu de liberté aux dépens de leurs maîtres ; mais les sciences, les industries périrent ou se cachèrent ; on cassa les statues, on brûla les bibliothèques. Il Semble, pour ainsi dire, que la chaîne des temps se soit brisée. Les peuples renonçaient à leur héritage de connaissances. Au despotisme succéda un despotisme pire ; d'une religion morte poussèrent les rejetons d'une religion nouvelle plus autoritaire, plus cruelle, plus fanatique ; et pendant un millier d'années, une nuit d'ignorance et de sottise propagée par les moines se répandit sur la terre.

De même, les autres mouvements historiques se présentent sous deux faces, suivant les mille éléments qui les composent et dont les conséquences multiples se montrent dans les transformations politiques et sociales. Aussi chaque événement donne-t-il lieu aux jugements les plus divers, corrélatifs à la largeur de compréhension ou aux préjugés des historiens qui l'apprécient. Ainsi, pour en citer un exemple fameux, le puissant épanouissement de la littérature française au XVIIe siècle a été attribué au génie de Louis XIV, parce que ce roi se trouvait sur le trône à l'époque même où tant d'hommes illustres produisaient de grandes oeuvres en un langage admirable : « Le regard de Louis enfantait des Corneille. » Il est vrai qu'un siècle plus tard, personne n'osa prétendre que les Voltaire, les Diderot, les Rousseau devaient également leur génie et leur gloire à l'œil évocateur de Louis XV. Toutefois, à une époque récente, n'avons-nous pas vu le monde britannique se précipiter au devant de la reine en lui rendant hommage de tous les événements heureux, de tous les progrès qui s'étaient accomplis sous son règne, comme si cette immense évolution était due aux mérites particuliers de la souveraine ? Pourtant cette personne de valeur médiocre n'eut d'autre peine que de rester assise sur le trône pendant soixante longues années, la Constitution même qu'elle était tenue d'observer l'ayant obligée à l'abstention politique pendant ce long espace de plus d'un demi-siècle. Des millions et des millions d'hommes, pressés dans les rues, aux fenêtres, sur les échafaudages, voulaient absolument qu'elle fût le génie tout-puissant de la prospérité anglaise. L'hypocrisie publique l'exigeait peut-être, parce que l'apothéose officielle de la reine-impératrice permettait à la nation de s'adorer réellement elle-même. Néanmoins des voix de sujets manquaient à ce concert : on vit des faméliques irlandais arborer le drapeau noir, et dans les cités de l'Inde des foules se ruer contre les palais et les casernes.

Mais il est des circonstances où l'éloge du pouvoir paraît moins absurde, et semble même au premier abord complètement justifié. Il peut se faire qu'un bon roi - un Marc Aurèle par exemple -, un ministre aux sentiments généreux, un fonctionnaire philanthrope, un despote bienfaisant en un mot, emploie son autorité au profit de telle ou telle classe du peuple, prenne quelque mesure utile à tous, décrète l'abolition d'une loi funeste, se substitue aux opprimés pour se venger de puissants oppresseurs. Ce sont là d'heureuses conjonctures, mais par les conditions mêmes du milieu, elles se produisent d'une manière exceptionnelle, car les grands ont plus d'occasions que tous autres pour abuser de leur situation, entourés, comme ils le sont, de gens intéressés à leur montrer les choses sous un jour trompeur. Dussent-ils même se promener en déguisement la nuit, comme Haroun al Rachid, il leur est impossible de savoir la vérité complète, et malgré leur bon vouloir, leurs actes portent à faux, déviés du but dès le point de départ, sous l'influence du caprice, des hésitations, des erreurs et fautes, volontaires et involontaires, commises par les agents chargés de la réalisation.

Cependant il est des cas où très certainement l'œuvre des chefs, rois, princes ou législateurs, se trouve franchement bonne en soi ou du moins assez pure de tout alliage ; en ces circonstances l'opinion publique, la pensée commune, la volonté d'en bas ont forcé les souverains à l'action. Mais alors l'initiative des maîtres n'est qu'apparente ; ils cèdent à une pression qui pourrait être funeste et qui cette fois est utile ; car les fluctuations de la foule *se* produisent aussi souvent dans le sens progressif que dans le sens régressif ; plus souvent même quand la société *se* trouve dans un état de progrès général. L'histoire contemporaine de l'Europe, de l'Angleterre surtout, nous offre mille exemples de mesures équitables qui ne proviennent nullement de la bonne volonté des législateurs, mais qui leur furent imposées par la foule anonyme : le signataire d'une loi, qui en revendique le mérite aux yeux de l'histoire, West en réalité que le simple enregistreur de décisions prises par le peuple, son véritable maître. Lorsque les droits sur les céréales furent abolis par les Chambres anglaises, les grands propriétaires dont les votes diminuaient leurs propres ressources ne s'étaient que très péniblement laissé convertir à la cause du bien public ; mais, en dépit d'eux-mêmes ils avaient fini par se conformer aux injonctions directes de la multitude. D'autre part, lorsque, en France, Napoléon III, secrètement conseillé par Richard Cobden, établit quelques mesures de libre-échange, il n'était soutenu ni par ses ministres, ni par les Chambres, ni par la masse de la nation : les lois qu'il fit voter par ordre ne devaient donc pas subsister, et ses successeurs, confiants dans l'indifférence du peuple, saisirent la première occasion pour restaurer les pratiques de protectionnisme et presque de prohibition, au profit des riches industriels et des grands propriétaires.

Le contact de civilisations différentes produit des situations complexes dans lesquelles on peut se laisser aller aisément à l'illusion d'attribuer au « pouvoir fort » un honneur qui revient à de tout autres causes. Ainsi l'on fait grand état de ce que le gouvernement britannique de l'Inde a interdit les *sutti* ou sacrifices de veuves sur le bûcher de leurs époux, quand on serait en droit de s'étonner au contraire que les autorités anglaises aient pendant tant d'années et avec tant de mauvaises raisons résisté au vœu des hommes de cœur, en Europe et dans l'Inde elle-même, pour la suppression de ces holocaustes ; on se demandait avec stupeur pourquoi le gouvernement se faisait le complice d'une tourbe de bourreaux immondes en n'abrogeant pas des instructions brahmaniques dépourvues de toute sanction autre que des textes du Véda incontestablement falsifiés. Certes, l'abolition de telles horreurs fut un bien, quoique un bien tardif, mais que de maux durent être attribués aussi à l'exercice de ce pouvoir « tutélaire », que d'impôts oppressifs, que de misères, et, pendant les famines, combien de faméliques, jonchant les routes de leurs cadavres !

Tout événement, toute période de l'histoire offrant un aspect double, il est impossible de les juger en bloc. L'exemple même du renouveau qui mit un terme au Moyen Âge et à la nuit de la pensée nous montre comment deux révolutions peuvent s'accomplir à la fois, l'une cause de décadence et l'autre de progrès. La période de la Renaissance, qui retrouva les monuments de l'Antiquité, qui déchiffra ses livres et ses enseignements, qui dégagea la science des formules superstitieuses et lança de nouveau les hommes dans la voie des études désintéressées, eut aussi pour conséquence l'arrêt définitif du mouvement artistique spontané qui s'était développé si merveilleusement pendant la période des communes et des villes libres. Ce fut soudain comme un débordement de fleuve détruisant les cultures des campagnes riveraines : tout dut recommencer, et combien de fois la banale imitation de l'antique remplaça-t-elle des oeuvres qui du moins avaient le mérite d'être originales !

La renaissance de la science et des arts fut suivie parallèlement dans le monde religieux par la scission du christianisme à laquelle on a donné le nom de Réforme. Il sembla longtemps naturel de voir dans cette révolution une des crises bienfaisantes de l'humanité, résumée par la conquête du droit d'initiative individuelle, par l'émancipation des esprits que les prêtres avaient tenus dans une servile ignorance : on crut que désormais les hommes seraient leurs propres maîtres, égaux les uns des autres par l'indépendance de la pensée. Mais on sait maintenant que la Réforme fut aussi la constitution d'autres églises autoritaires, en face de l'Église qui jusque-là avait possédé le monopole de l'asservissement intellectuel. La Réforme déplaça les fortunes et les prébendes au profit du pouvoir nouveau, et de part et d'autre naquirent des ordres, jésuites et contre-jésuites, pour exploiter le peuple sous des formes nouvelles. Luther et Calvin parlèrent, à l'égard de ceux qui ne partageaient pas leur manière de voir, le même langage d'intolérance féroce que les saints Dominique et Innocent III. Comme pendant l'Inquisition, ils firent espionner, emprisonner, écarteler, brûler ; leur doctrine posa également en principe l'obéissance aux rois et aux interprètes de la « parole divine ».

Sans doute, il existe une différence entre le protestant et le catholique (je parle de ceux qui le sont en toute sincérité, et non par simple convenance de famille). Celui-ci est plus naïvement crédule, aucun miracle ne l'étonne ; celui-là fait un choix parmi les mystères et tient avec d'autant plus de ténacité à ceux qu'il croit avoir sondés : il voit dans sa religion une oeuvre personnelle, comme une création de son génie. En cessant de croire, le catholique cesse d'être chrétien ; tandis que d'ordinaire le protestant ratiocineur ne fait qu'entrer dans une secte nouvelle, lorsqu'il modifie ses interprétations de la « parole divine » : il reste disciple du Christ ; mystique inconvertissable, il garde l'illusion de ses raisonnements. Les peuples contrastent comme les individus, suivant la religion qu'ils professent et qui pénètre plus ou moins leur essence morale. Les protestants ont certainement plus d'initiative et plus de méthode dans leur conduite, mais quand cette méthode est appliquée au mal, c'est avec une impitoyable rigueur. Qu'on se rappelle la ferveur religieuse que mirent les Américains du Nord à maintenir l'esclavage des Africains comme « institution divine » !

Autre mouvement complexe, lors de la grande époque évolutionnaire dont la Révolution américaine et la Révolution française furent les sanglantes crises - ah ! là du moins, semble-t-il, le changement fut tout à l'avantage du peuple, et ces grandes dates de l'histoire doivent être comptées comme inaugurant la naissance nouvelle de l'humanité ! Les conventionnels voulurent commencer l'histoire au premier jour de leur Constitution, comme si les siècles antérieurs n'avaient pas existé, et que l'homme politique pût vraiment dater son origine de la proclamation de ses droits. Certes, cette période est une grande époque dans la vie des nations, un espoir immense se répandit alors par le monde, la pensée libre prit un essor qu'elle n'avait jamais eu, les sciences se renouvelèrent, l'esprit de découverte agrandit à l'infini les bornes du monde, et jamais on ne vit un tel nombre d'hommes, transformés par un idéal nouveau, faire avec plus de simplicité le sacrifice de leur vie. Mais cette révolution, nous le voyons maintenant, n'était point la révolution de tous, elle fut celle de quelques-uns pour quelques-uns. Le droit de l'homme resta purement théorique : la garantie de la propriété privée que l'on proclamait en même temps, le rendait illusoire. Une nouvelle classe de jouisseurs avides se mit à l'œuvre d'accaparement, la bourgeoisie remplaça la classe usée, déjà sceptique et pessimiste, de la vieille noblesse, et les nouveaux venus s'employèrent avec une ardeur et une science que n'avaient jamais eues les anciennes classes dirigeantes à exploiter la foule de ceux qui ne possédaient point. C'est au nom de la liberté, de l'égalité, de la fraternité que se firent désormais toutes les scélératesses. C'est pour émanciper le monde que Napoléon traînait derrière lui un million d'égorgeurs ; c'est pour faire le bonheur de leurs chères patries respectives que les capitalistes constituent les vastes propriétés, bâtissent les grandes usines, établissent les puissants monopoles qui rétablissent sous une forme nouvelle l'esclavage d'autrefois.

Ainsi les révolutions furent toujours à double effet : on peut dire que l'histoire offre en toutes choses son endroit et son revers. Ceux qui ne veulent pas se payer de mots doivent donc étudier avec une critique attentive, interroger avec soin les hommes qui prétendent s'être dévoués pour notre cause. Il ne suffit pas de crier : « Révolution, révolution ! » pour que nous marchions aussitôt derrière celui qui sait nous entraîner. Sans doute il est naturel que l'ignorant suive son instinct : le taureau affolé se précipite sur un chiffon rouge et le peuple toujours opprimé se rue avec fureur contre le premier venu qu'on lui désigne. Une révolution quelconque a toujours du bon quand elle se produit contre un maître ou contre un régime d'oppression ; mais si elle doit susciter un nouveau despotisme, on peut se demander s'il n'eût pas mieux valu la diriger autrement. Le temps est venu de n'employer que des forces conscientes ; les évolutionnistes, arrivant enfin à la parfaite connaissance de ce qu'ils veulent réaliser dans la révolution prochaine, ont autre chose à faire qu'à soulever les mécontents et à les précipiter dans la mêlée, sans but et sans boussole.

On peut dire que jusqu'à maintenant aucune révolution n'a été absolument raisonnée, et c'est pour cela qu'aucune n'a complètement triomphé. Tous ces grands mouvements furent sans exception des actes presque inconscients de la part des foules qui s'y trouvaient entraînées, et tous, ayant été plus ou moins dirigés, n'ont réussi que pour les meneurs habiles à garder leur sang-froid. C'est une classe qui a fait la Réforme et qui en a recueilli les avantages ; c'est une classe qui a fait la Révolution française et qui en exploite les profits, mettant en coupe réglée les malheureux qui l'ont servie pour lui procurer la victoire. Et, de nos jours encore, le « Quatrième État », oubliant les paysans, les prisonniers, les vagabonds, les sans-travail, les déclassés de toute espèce, ne court-il pas le risque de se considérer comme une classe distincte et de travailler non pour l'humanité mais pour ses électeurs, ses coopératives et ses bailleurs de fonds ?

Aussi chaque révolution eut-elle son lendemain. La veille on poussait le populaire au combat, le lendemain on l'exhortait à la sagesse ; la veille on l'assurait que l'insurrection est le plus sacré des devoirs, et le lendemain on lui prêchait que « le roi est la meilleure des républiques », ou que le parfait dévouement consiste à « mettre trois mois de misère au service de la société », ou bien encore que nulle arme ne peut remplacer le bulletin de vote. De révolution en révolution le cours de l'histoire ressemble à celui d'un fleuve arrêté de distance en distance par des écluses. Chaque gouvernement, chaque parti vainqueur essaie à son tour d'endiguer le courant pour l'utiliser à droite et à gauche dans ses prairies ou dans ses moulins. L'espoir des réactionnaires est qu'il en sera toujours ainsi et que le peuple moutonnier se laissera de siècle en siècle dévoyer de sa route, duper par d'habiles soldats, ou des avocats beaux parleurs.

Cet éternel va-et-vient qui nous montre dans le passé la série des révolutions partiellement avortées, le labeur infini des générations qui se succèdent à la peine, roulant sans cesse le rocher qui les écrase, cette ironie du destin qui montre des captifs brisant leurs chaînes pour se laisser ferrer à nouveau, tout cela est la cause d'un grand trouble moral, et parmi les nôtres nous en avons vu qui, perdant l'espoir et fatigués avant d'avoir combattu, se croisaient les bras, et se livraient au destin, abandonnant leurs frères. C'est qu'ils ne savaient pas ou ne savaient qu'à demi : ils ne voyaient pas encore nettement le chemin qu'ils avaient à suivre, ou bien ils espéraient s'y faire transporter par le sort comme un navire dont un vent favorable gonfle les voiles : ils essayaient de réussir, non par la connaissance des lois naturelles ou de l'histoire, non de par leur tenace volonté, mais de par la chance ou de vagues désirs, semblables aux mystiques qui, tout en marchant sur la terre, s'imaginent être guidés par une étoile brillant au ciel.

Des écrivains qui se complaisent dans le sentiment de leur supériorité et que les agitations de la multitude emplissent d'un parfait mépris condamnent l'humanité à se mouvoir ainsi en un cercle sans issue et sans fin. D'après eux, la foule, à jamais incapable de réfléchir, appartient d'avance aux démagogues, et ceux-ci, suivant leur intérêt, dirigeront les masses d'action en réaction, puis de nouveau en sens inverse. En effet, de la multitude des individus pressés les uns sur les autres se dégage facilement une âme commune entièrement subjuguée par une même passion, se laissant aller aux mêmes cris d'enthousiasme ou aux mêmes vociférations, ne formant plus qu'un seul être aux mille voix frénétiques d'amour ou de haine. En quelques jours, en quelques heures, le remous des événements entraîne la même foule aux manifestations les plus contraires d'apothéose ou de malédiction. Ceux d'entre nous qui ont combattu pour la Commune connaissent ces effrayants ressacs de la houle humaine. Au départ pour les avant-postes, on nous suivait de salutations touchantes, des larmes d'admiration brillaient dans les yeux de ceux qui nous acclamaient, les femmes agitaient leurs mouchoirs tendrement. Mais quel accueil fut celui des héros de la veille qui, après avoir échappé au massacre, revinrent comme prisonniers entre deux haies de soldats ! En maint quartier, le populaire se composait des mêmes individus ; mais quel contraste absolu dans ses sentiments et son attitude ! Quel ensemble de cris et de malédictions ! Quelle férocité dans les paroles de haine. « À mort ! mort ! À la mitrailleuse ! Au moulin à café ! la guillotine ! »

Toutefois il y a foule et foule, et suivant les impulsions reçues, la conscience collective, qui se compose des mille consciences individuelles, reconnaît plus ou moins clairement, à la nature de son émotion, si l'œuvre accomplie a été vraiment bonne. D'ailleurs, il est certain que le nombre des hommes qui gardent leur individualité fière et qui restent eux-mêmes, avec leurs convictions personnelles, leur ligne de conduite propre, augmente en proportion du progrès humain. Parfois ces hommes, dont les pensées concordent ou du moins se rapprochent les unes des autres, sont assez nombreux pour constituer à eux seuls des assemblées où les paroles, où les volontés se trouvent d'accord ; sans doute, les instincts spontanés, les coutumes irréfléchies peuvent encore s'y faire jour, mais ce n'est que pour un temps et la dignité personnelle reprend le dessus. On a vu de ces réunions respectueuses d'elles-mêmes, bien différentes des masses hurlantes qui s'avilissent jusqu'à la bestialité. Par le nombre elles ont l'apparence de la foule, mais par la tenue, elles sont des groupements d'individus, qui restent bien eux-mêmes par la conviction personnelle, tout en constituant dans l'ensemble un être supérieur, conscient de sa volonté, résolu dans son oeuvre. On a souvent comparé les foules à des armées, qui, suivant les circonstances, sont portées par la folie collective de l'héroïsme ou dispersées par la terreur panique, mais il ne manque pas d'exemples dans l'histoire, de batailles dans lesquelles des hommes résolus, convaincus, luttèrent jusqu'à la fin en toute conscience et fermeté de vouloir.

Certainement les oscillations des foules continuent de se produire, mais dans quelle mesure : c'est aux événements de nous le dire. Pour constater le progrès, il faudrait connaître de combien la proportion des hommes qui pensent et se tracent une ligne de conduite, sans se soucier des applaudissements ni des huées, s'est accrue pendant le cours de l'histoire. Pareille statistique est d'autant plus impossible que, même parmi les novateurs, il en est beaucoup qui le sont en paroles seulement et se laissent aller à l'entraînement des compagnons jeunes de pensée qui les entourent. D'autre part, le nombre est grand de ceux qui, par attitude, par vanité, feignent de se dresser comme des rocs en travers du courant des siècles et qui pourtant perdent pied, changeant sans le vouloir de pensée et de langage. Quel est aujourd'hui l'homme qui, dans une conversation sincère, n'est pas obligé de s'avouer plus ou moins socialiste ? Par cela seul qu'il cherche a se rendre compte des arguments de l'adversaire, il est en toute probité obligé de les comprendre, de les partager dans une certaine mesure, de les classer dans la conception

Élisée Reclus

générale de la société, qui répond a son idéal de perfection. La logique même l'oblige à sertir les idées d'autrui dans les siennes.

Chez nous révolutionnaires, un phénomène analogue doit s'accomplir ; nous aussi, nous devons arriver à saisir en parfaite droiture et sincérité toutes les idées de ceux que nous combattons ; nous avons à les faire nôtres, mais pour leur donner leur véritable sens. Tous les raisonnements de nos interlocuteurs attardés aux théories surannées se classent naturellement à leur vraie place, dans le passé, non dans l'avenir. Ils appartiennent à la philosophie de l'histoire.

Chapitre II

Chapitre III

Révolutions instinctives

Révolutions instinctives - Les foules - Les révolutions conscientes succédant aux révolutions instinctives - Révolutions de palais - Conjurations de partis - Contraste de l'élite intellectuelle et de l'aristocratie - Les Politiciens.

La période du pur instinct est dépassée maintenant : les révolutions ne se feront plus au hasard, parce que les évolutions sont de plus en plus conscientes et réfléchies. De tout temps, l'animal ou l'enfant cria quand on le frappa et répondit par le geste ou le coup ; la sensitive aussi replie ses feuilles quand un mouvement l'offense ; mais il y a loin de ces révoltes spontanées à la lutte méthodique et sûre contre l'oppression. Les peuples voyaient autrefois les événements se succéder sans y chercher un ordre quelconque, mais ils apprennent à en connaître l'enchaînement ils en étudient l'inexorable logique et commencent à savoir qu'ils ont également à suivre une ligne de conduite pour se reconquérir. La science sociale, qui enseigne les causes de la servitude, et par contrecoup, les moyens de l'affranchissement, se dégage peu à peu du chaos des opinions en conflit.

Le premier fait mis en lumière par cette science est que nulle révolution ne peut se faire sans évolution préalable. Certes, l'histoire ancienne nous raconte par millions ce que l'on appelle des « révolutions de palais », c'est-à-dire le remplacement d'un roi par un autre roi, d'un ministre ou d'une favorite par un autre conseiller ou par une nouvelle maîtresse. Mais de pareils changements, n'ayant aucune importance sociale et ne s'appliquant en réalité qu'à de simples individus, Pouvaient s'accomplir sans que la masse du Peuple eût la moindre préoccupation de l'événement ou de ses conséquences : il suffisait que l'on trouvât un sicaire avec un poignard bien affilé, et le trône avait un nouvel occupant. Sans doute, le caprice royal pouvait alors entraîner le royaume et la foule des sujets en des aventures imprévues, mais le peuple, accoutumé à l'obéissance et à la résignation, n'avait qu'à se conformer aux velléités d'en haut : il ne s'ingérait point à émettre un avis sur des affaires qui lui semblaient infiniment supérieures à son humble compétence. De même, dans le pays que se disputaient deux familles rivales avec leur clientèle aristocratique et bourgeoise, des révolutions apparentes pouvaient se produire à la suite d'un massacre : telle conjuration de meurtriers favorisés par la chance déplaçait le siège et modifiait le personnel du gouvernement ; mais qu'importait au peuple opprimé ? Enfin, dans un État où la base du pouvoir se trouvait déjà quelque peu élargie par l'existence de classes se disputant la suprématie, au-dessus de toute une foule sans droit, d'avance condamnée à subir la loi de la classe victorieuse, le combat des rues, l'érection des barricades et la proclamation d'un gouvernement provisoire à l'hôtel de ville étaient encore possibles.

Mais de nouvelles tentatives en ce sens ne sauraient réussir dans nos villes transformées en camps retranchés et dominées par des casernes qui sont des citadelles, et d'ailleurs les dernières « révolutions » de ce genre n'ont abouti qu'à un succès temporaire. C'est ainsi qu'en 1848 la France ne marcha que d'un pas boiteux à la suite de ceux qui avaient proclamé la République, sans savoir ce qu'ils entendaient par le mot, et saisit la première occasion pour faire volte-face. La masse des paysans, qui n'avait pas été consultée, mais qui n'en arriva pas moins à exprimer sa pensée, sourde, indécise, informe, déclara d'une façon suffisamment claire que son évolution n'étant point accomplie, elle ne voulait pas d'une révolution, qui se trouvait par cela même née avant terme ; trois mois s'étaient à peine accomplis depuis l'explosion que la masse électorale rétablissait sous une forme traditionnelle le régime coutumier auquel son âme d'esclave était encore habituée : telle une bête de somme qui tend au fardeau son échine endolorie. De même, la « révolution » de la Commune, si admirablement justifiée et rendue nécessaire par les circonstances, ne pouvait évidemment triompher, car elle s'était faite seulement par une moitié de Paris et n'avait en France que l'appui des villes industrielles : le reflux la noya dans un déluge, un déluge de sang.

Il ne suffit donc plus de répéter les vieilles formules, *Vox populi, vox Dei,* et de pousser des cris de guerre en faisant claquer des drapeaux au vent. La dignité du citoyen peut exiger de lui, en telle ou telle conjoncture, qu'il dresse des barricades et qu'il défende sa terre, sa ville ou sa liberté ; mais qu'il ne s'imagine point résoudre la moindre question par le hasard des balles. C'est dans les têtes et dans les cœurs que les transformations ont à s'accomplir avant de tendre les muscles et de se changer en phénomènes historiques. Toutefois ce qui est vrai de la révolution progressive l'est également de la révolution régressive ou contre révolution. Certes, un parti qui s'est emparé du gouvernement, une classe qui dispose des fonctions, des honneurs, de l'argent, de la force publique, peut faire un très grand mal et contribuer dans une certaine mesure au recul de ceux dont elle a usurpé la direction : néanmoins elle ne profitera de sa victoire que dans les limites tracées par la moyenne de l'opinion publique : il lui arrivera même de ne pas risquer l'application des mesures décrétées et des lois votées par les assemblées qui sont à sa discrétion. L'influence du milieu, morale et intellectuelle, s'exerce constamment sur la société dans son ensemble, aussi bien sur les hommes avides de domination que sur la foule résignée des asservis volontaires, et en vertu de cette influence les oscillations qui se font de part et d'autre, des deux côtés de l'axe, ne s'en écartent jamais que faiblement.

Toutefois, et c'est là encore un enseignement de l'histoire contemporaine, cet axe lui-même se déplace incessamment par l'effet des mille et mille changements partiels survenus dans les cerveaux humains. C'est à l'individu lui-même, c'est-à-dire à la cellule primordiale de la société qu'il faut en revenir pour trouver les causes de la transformation générale avec ses mille alternatives suivant les temps et les lieux. Si d'une part nous voyons l'homme isolé soumis à l'influence de la société tout entière avec sa morale traditionnelle, sa religion, sa politique, d'autre part nous assistons au spectacle de l'individu libre qui, si limité qu'il soit dans l'espace et dans la durée des âges, réussit néanmoins à laisser son empreinte personnelle sur le monde qui l'entoure, à le modifier d'une façon définitive par la découverte d'une loi, par l'accomplissement d'une oeuvre, par l'application d'un procédé, quelquefois même par une belle parole que l'univers n'oubliera point. Il est facile de retrouver distinctement dans l'histoire la trace de milliers et de milliers de héros que l'on sait avoir personnellement coopéré d'une manière efficace au travail collectif de la civilisation.

La très grande majorité des hommes se compose d'individus qui se laissent vivre sans effort comme vit une plante et qui ne cherchent aucunement à réagir soit en bien, soit en mal, sur le milieu dans lequel ils baignent comme une goutte d'eau dans l'Océan. Sans que l'on veuille grandir ici la valeur propre de l'homme devenu conscient de ses actions et résolu à employer sa force dans le sens de son idéal, il est certain que cet homme représente tout un monde en comparaison de mille autres qui vivent dans la torpeur d'une demi-ivresse ou dans le sommeil absolu de la pensée et qui cheminent sans la moindre révolte intérieure dans les rangs d'une armée ou dans une procession de pèlerins. À un moment donné, la volonté d'un homme peut se mettre en travers du mouvement panique de tout un peuple. Certaines morts héroïques sont parmi les grands événements de l'histoire des nations, mais combien plus important fut le rôle des existences consacrées au bien public !

C'est ici qu'il s'agit de distinguer avec soin, car l'équivoque est facile, et quand on parle des « meilleurs », on se laisse aisément entraîner à rapprocher ce mot de celui d'« aristocratie », pris dans son sens usuel. Nombre d'écrivains et d'orateurs, surtout parmi ceux qui appartiennent à la classe dans laquelle se recrutent les détenteurs du pouvoir, parlent volontiers de la nécessité d'appeler à la direction des sociétés un groupe d'élite, comparable au cerveau dans l'organisme humain. Mais quel est ce « groupe d'élite », à la fois intelligent et fort, qui pourra sans prétentions garder en ses mains le gouvernement des peuples ? Il va sans dire : tous ceux qui règnent et commandent, rois, princes, ministres et députés, ramenant avec complaisance le regard sur leur propre personne, répondent en toute naïveté : « C'est nous qui sommes l'élite ; nous qui représentons la substance cérébrale du grand corps politique. » Amère dérision que cette arrogance de l'aristocratie officielle, s'imaginant constituer la réelle aristocratie de la pensée, de l'initiative, de l'évolution intellectuelle et morale ! C'est plutôt le contraire qui est vrai ou qui du moins renferme la plus forte part de vérité : maintes fois l'aristocratie mérita le nom de « kakistocratie », dont Léopold de Ranke se sert dans son histoire. Que dire, par exemple, de cette aristocratie de prostitués et de prostituées qui se pressait dans les petites maisons de Louis XV, et, dans l'époque contemporaine, de cette fine fleur de la noblesse française, qui récemment, pour échapper plus vite à l'incendie d'un bazar, se fit jour à coups de cannes, à coups de bottes, sur la figure et dans le ventre des femmes !

Sans doute ceux qui disposent de la fortune ont plus de facilité que d'autres pour étudier et pour s'instruire, mais ils en ont aussi beaucoup

Chapitre III

plus pour se pervertir et se corrompre. Un personnage adulé, comme l'est toujours un maître, qu'il soit empereur ou chef de bureau, risque fort d'être trompé, et par conséquent de ne jamais savoir les choses dans leurs proportions véritables. Il risque surtout d'avoir la vie trop facile, de ne pas apprendre à lutter en personne et de se laisser aller égoïstement à tout attendre des autres ; il est aussi menacé de tomber dans la crapule élégante ou même grossière, tant la tourbe des vices se lance autour de lui comme une bande de chacals autour d'une proie. Et plus il se dégrade, plus il est grandi à ses propres yeux par les flatteries intéressées : devenu brute, il peut se croire dieu ; dans la boue il est en pleine apothéose.

Et quels sont ceux qui se ruent vers le pouvoir pour remplacer cette élite de naissance ou de fortune par une nouvelle élite, soi-disant de l'intelligence ? Que sont ces politiciens, habiles à flatter non plus les rois, mais la foule ? Un des adversaires du socialisme, un défenseur de ce que l'on appelle les « bons principes », M. Leroy-Beaulieu, va nous répondre au sujet de cette aristocratie de renfort en termes qui, venant d'un anarchiste, paraîtraient beaucoup trop violents et réellement injustes :

> Les politiciens contemporains à tous les degrés, dit-il, depuis les conseillers municipaux des villes jusqu'aux ministres, représentent, pris en masse, et la part faite de quelques exceptions, une des classes les plus viles et les plus bornées de sycophantes et de courtisans qu'ait jamais connues l'humanité. Leur seul but est de flatter bassement et de développer tous les préjugés populaires, qu'ils partagent d'ailleurs vaguement pour la plupart, n'ayant jamais consacré un instant de leur vie à la réflexion et à l'observation.

D'ailleurs, la preuve par excellence que les deux « aristocraties », l'une qui détient ou brigue le pouvoir, et l'autre qui se compose réellement des « meilleurs », ne sauraient jamais être confondues, l'histoire nous la fournit en pages de sang. Considérées dans leur ensemble, les annales humaines peuvent être définies comme le récit d'une lutte éternelle entre ceux qui, ayant été élevés au rang de maîtres, jouissent de la force acquise par les générations, et ceux qui naissent, pleins d'élan et d'enthousiasme, à la force créatrice. Les deux groupes de « meilleurs » sont en guerre, et la profession historique des premiers fut toujours de persécuter, d'asservir, de tuer les autres. C'étaient les « meilleurs » officiels, les dieux eux-mêmes, qui clouèrent Prométhée sur un roc du Caucase, et depuis cette époque mythique, ce sont toujours des meilleurs, empereurs, papes, magistrats, qui emprisonnèrent, torturèrent, brûlèrent les novateurs et qui maudirent leurs ouvrages. Le bourreau fut toujours attaché au service de ces « bons » par excellence.

Ils trouvent aussi des savants pour plaider leur cause. En dehors de la foule anonyme qui ne cherche point à penser et qui se conforme simplement à la civilisation coutumière, il est des hommes d'instruction et de talent qui se font les théoriciens du conservatisme absolu, sinon du retour en arrière, et qui cherchent à maintenir la société sur place, à la fixer, pour ainsi dire, comme s'il était possible d'arrêter la force de projection d'un globe lancé dans l'espace. Ces misonéistes « haïsseurs du nouveau », voient autant de fous dans tous les novateurs, c'est-à-dire dans les hommes de pensée et d'idéal ; ils poussent l'amour de la stabilité sociale jusqu'à signaler comme des criminels politiques tous ceux qui critiquent les choses existantes, tous ceux qui s'élancent vers l'inconnu ; et pourtant ils avouent que lorsqu'une idée nouvelle a fini par l'emporter dans l'esprit de la majorité des hommes, on doit s'y conformer pour ne pas devenir révolutionnaire en s'opposant au consentement universel. Mais en attendant cette révolution inévitable, ils demandent que les évolutionnaires soient traités comme des criminels, que l'on punisse aujourd'hui des actions qui demain seront louées comme les produits de la plus pure morale : ils eussent fait boire la ciguë à Socrate, mené Jean Huss au bûcher ; à plus forte raison eussent-ils guillotiné Babeuf, car de nos jours, Babeuf serait encore un novateur ; ils nous vouent à toutes les fureurs de la vindicte sociale, non parce que nous avons tort, mais parce que nous avons raison trop tôt. Nous vivons en un siècle d'ingénieurs et de soldats, pour lesquels tout doit être tracé à la ligne et au cordeau. « L'alignement ! », tel est le mot d'ordre de ces pauvres d'esprit qui ne voient la beauté que dans la symétrie, la vie que dans la rigidité de la mort.

Chapitre IV

Toute-puissance du capital

- Toute-puissance du capital – Transformations apparentes des institutions et leur régression fatale - État, royauté, cultes, magistrature, armée, administration - Esprit de corps - Le patriotisme, l'ordre, la paix sociale.

« L'émancipation des travailleurs sera l'œuvre des travailleurs eux-mêmes », dit la déclaration de principes de l'« Internationale ». Cette parole est vraie dans son sens le plus large. S'il est certain que toujours des hommes dits « providentiels » ont prétendu faire le bonheur des peuples, il n'est pas moins avéré que tous les progrès humains ont été accomplis grâce à la propre initiative de révoltés ou de citoyens déjà libres. C'est donc à nous-mêmes qu'il incombe de nous libérer, nous tous qui nous sentons opprimés de quelque manière que ce soit et qui restons solidaires de tous les hommes lésés et souffrants en toutes les contrées du monde. Mais pour combattre, il faut savoir.

Il ne suffit plus de se lancer furieusement dans la bataille, comme des Cimbres et des Teutons, en meuglant sous son bouclier ou dans une corne d'aurochs ; le temps est venu de prévoir, de calculer les péripéties de la lutte, de préparer scientifiquement la victoire qui nous donnera la paix sociale. La condition première du triomphe est d'être débarrassé de notre ignorance : il nous faut connaître tous les préjugés à détruire, tous les éléments hostiles à écarter, tous les obstacles à franchir, et d'autre part, n'ignorer aucune des ressources dont nous pouvons disposer, aucun des alliés que nous donne l'évolution historique.

Nous voulons savoir. Nous n'admettons pas que la science soit un privilège, et que des hommes perchés sur une montagne comme Moïse, sur un trône comme le stoïcien Marc Aurèle, sur un Olympe ou sur un Parnasse -en carton, ou simplement sur un fauteuil académique, nous dictent des lois en se targuant d'une connaissance supérieure des lois éternelles. Il est certain que parmi les gens qui pontifient dans les hauteurs, il en est qui peuvent traduire convenablement le chinois, lire les cartulaires des temps carolingiens ou disséquer l'appareil digestif des punaises ; mais nous avons des amis qui savent en faire autant et ne prétendent pas pour cela au droit de nous commander. D'ailleurs, l'admiration que nous éprouvons pour ces grands hommes ne nous empêche nullement de discuter en toute liberté les paroles qu'ils daignent nous adresser de leur firmament. Nous n'acceptons pas de vérité promulguée : nous la faisons nôtre d'abord par l'étude et par la discussion, et nous apprenons a rejeter l'erreur, eût-elle un millier d'estampilles et de brevets. Que de fois en effet, le peuple ignorant a-t-il dû reconnaître que ses savants éducateurs n'avaient d'autre science à lui enseigner que celle de marcher paisiblement et joyeusement à l'abattoir, comme ce bœuf des fêtes que l'on couronne de guirlandes en papier doré !

Des professeurs cousus de diplômes nous ont complaisamment fait valoir les avantages que présenterait un gouvernement composé de hauts personnages comme ils le sont eux-mêmes. Les philosophes, Platon, Hegel, Auguste Comte ont orgueilleusement revendiqué la direction du monde. Des hommes de lettres, des écrivains, tels Honoré de Balzac et Gustave Flaubert, pour ne citer que les morts, ont également revendiqué au profit des hommes de génie, c'est-à-dire à leur profit personnel, la direction politique de la société. Le mot « gouvernement de mandarins » a été crûment prononce. Que le destin nous garde de pareils maîtres, épris de leur personne et pleins de mépris pour tous autres gens de la « vile multitude » ou de « l'immonde bourgeoisie ». En dehors de leur gloire rien n'avait plus de sens ; sauf leur coterie, il n'existerait que des apparences, des ombres fugitives. Et pourtant leurs livres, si pleins de saveur qu'ils soient, nous montrent en ces génies de très médiocres prophètes : aucun d'eux n'eut de l'avenir une plus vaste compréhension que le moindre prolétaire et ce n'est point à leur école que nous pouvons apprendre le bon combat. À cet égard, le plus obscur de ceux qui luttent et souffrent pour la justice nous en enseigne davantage.

Notre commencement de savoir, nos petits rudiments de connaissances historiques nous disent que la situation actuelle comporte des maux sans fin qu'il serait possible d'éviter. Les désastres continus et renouvelés que produit le régime social actuel dépassent singulièrement tous ceux que causent les révolutions imprévues de la naturel inondations et cyclones, secousses terrestres, éruptions de cendres et de laves. C'est

Chapitre IV

un problème de comprendre comment les optimistes à outrance, ceux qui à toute force veulent que tout marche à souhait dans le meilleur des mondes possibles peuvent fermer les yeux sur l'épouvantable situation faite à tant de millions et de millions d'entre les hommes, nos frères. Les divers fléaux, économiques ou politiques, administratifs ou militaires, qui sévissent dans les sociétés « civilisées » - sans parler des nations sauvages - ont d'innombrables individus pour victimes, et les fortunés qui sont épargnés ou seulement effleurés par le malheur, font comme s'ils ne s'étaient pas aperçus de ces hécatombes, ils s'arrangent de leur mieux pour vivoter tranquillement, comme si tous ces désastres n'étaient pas des réalités tangibles !

N'est-il pas vrai que des millions d'hommes en Europe, portant le harnais militaire, doivent pendant des années cesser de penser à haute voix, prendre le pas et le pli de la servitude, subordonner toutes leurs volontés à celle de leurs chefs, apprendre à fusiller père et mère si quelque despote imbécile l'exige ? N'est-il pas vrai que d'autres millions d'hommes, plus ou moins fonctionnaires, sont également asservis, obligés de se courber devant les uns, de se redresser devant les autres, et de mener une vie conventionnelle presque entièrement inutilisée pour le progrès ? N'est-il pas également vrai que chaque année des millions de délinquants, de persécutés, de pauvres, de vagabonds, de sans-travail, se voient enfermés en cellules, soumis à toutes les tortures de l'isolement ! Et, comme conséquence de ces belles institutions politiques et sociales, n'est-il pas vrai que les hommes s'entre-haïssent encore de nation à nation, de caste à caste ? La société ne vit-elle pas en un tel désarroi, que, malgré la bonne volonté et le dévouement de beaucoup d'hommes généreux, le pauvre qui souffre de la faim risque de mourir dans la rue, et que l'étranger peut se trouver seul, complètement seul, sans un ami, dans une grande cité où pourtant les hommes, de prétendus « frères » grouillent par myriades ? Ce n'est pas « sur un volcan », c'est dans le volcan même que nous vivons, dans un enfer ténébreux, et si nous n'avions pas l'espoir du mieux et l'invincible volonté de travailler pour un avenir meilleur, que nous resterait-il à faire, sinon à nous laisser mourir, comme le conseillent, sans oser le faire, tant de malheureux plumitifs, et comme l'accomplissent, plus nombreux chaque année, des légions de désespérés ?

Élisée Reclus

Ainsi le premier élément du savoir évolutionnaire se montre à nous : l'état social nous apparaît par tous ses côtés mauvais. « Connaître la souffrance ! », tel est le précepte initial de la loi bouddhique. Nous connaissons la souffrance ! Nous la connaissons même si bien que dans les districts manufacturiers de l'Angleterre la maladie a reçu le nom de *play* : se sentir le corps torturé par le mal n'est qu'un « jeu » pour l'esclave accoutumé au travail forcé de l'usine (Ruskin, *The Crown of Wild Olive*).

Mais « comment échapper à la souffrance ! », ce qui est le deuxième stade de la connaissance d'après le Bouddha ? Nous commençons à le savoir aussi, grâce à l'étude du passé. L'histoire, si loin que nous remontions dans la succession des âges, si diligemment que nous étudiions autour de nous les sociétés et les peuples, civilisés ou barbares policés ou primitifs, l'histoire nous dit que toute obéissance est une abdication, que tout servitude est une mort anticipée ; elle nous dit aussi que tout progrès s'est accompli en proportion de la liberté des individus, de l'égalité et de l'accord spontané des citoyens ; que tout siècle de découvertes fut un siècle pendant lequel le pouvoir religieux et politique se trouvait affaibli par des compétitions, et où l'initiative humaine avait pu trouver une brèche pour se glisser, comme une touffe d'herbes croissant à travers les pierres descellées d'un palais. Les grandes époques de la pensée et de l'art qui se suivent à de longs intervalles pendant le cours des siècles, l'époque athénienne, celles de la Renaissance et du monde moderne, prirent toujours leur sève originaire en des temps de luttes sans cesse renouvelées et de continuelle « anarchie », offrant du moins aux hommes énergiques l'occasion de combattre pour leur liberté.

Si peu avancée que puisse être encore notre science de l'histoire, il est un fait qui domine toute l'époque contemporaine et forme la caractéristique essentielle de notre âge : la toute-puissance de l'argent. Pas un rustre perdu en un village écarté qui ne connaisse le nom d'un potentat de la fortune commandant aux rois et aux princes ; pas un qui ne le conçoive sous la forme d'un dieu dictant ses volontés au monde entier. Et certes, le paysan naïf ne se trompe guère. Ne voyons-nous pas quelques banquiers chrétiens et juifs se donner le plaisir délicat de tenir en laisse les six grandes puissances, de faire manœuvrer les ambassadeurs et les rois, de signifier aux cours d'Europe les notes qu'ils rédigent sur leurs comptoirs ? Cachés au fond de leurs loges, ils font représenter pour eux une immense comédie dont les peuples mêmes sont les acteurs et qu'animent gaiement des bombardements et des batailles : beaucoup de sang se mêle à la fête. Maintenant ils ont la satisfaction de tenir leurs officines dans les cabinets des ministres, dans les secrètes chambres des rois et de diriger àleur guise la politique des États pour le besoin de leur commerce. De par le nouveau droit public européen, ils ont affermé la Grèce, la Turquie, la Perse, ils ont abonné la Chine à leurs emprunts, et ils se préparent à prendre à bail tous les autres États, petits et grands. « Princes ne sont et rois ne daignent », mais ils tiennent en main la monnaie symbolique devant laquelle le monde est prosterné.

Un autre fait historique évident s'impose à la connaissance de tous ceux qui étudient. Ce fait, cause de tant de découragements chez les hommes dont la bonne volonté l'emporte sur la raison, est que toutes les institutions humaines, tous les organismes sociaux qui cherchent à se maintenir tels quels, sans changement, doivent, en vertu même de leur immuabilité, faire naître des conservateurs d'us et d'abus, des parasites, des exploiteurs de toute nature, devenir des foyers de réaction dans l'ensemble des sociétés. Que les institutions soient très anciennes et que pour en connaître les origines il faille remonter aux temps les plus antiques ou même à l'époque des légendes et des mythes, ou bien qu'elles se réclament d'une révolution populaire, elles n'en sont pas moins destinées, en proportion de la rigidité de leurs statuts, à momifier les idées, à paralyser les volontés, à supprimer les libertés et les initiatives : pour cela il suffit qu'elles durent.

La contradiction est souvent des plus choquantes entre les circonstances révolutionnaires qui virent naître l'institution et la manière dont elle fonctionne, absolument à rebours de l'idéal qu'avaient eu ses naïfs fondateurs. À sa naissance, on poussait des cris de : Liberté ! Liberté ! et l'hymne de *Guerre aux tyrans* résonnait dans les rues ; mais les « tyrans » sont entrés dans la place, et cela par le fait même de la routine, de la hiérarchie et de l'esprit de regrès qui envahissent graduellement toute institution. Plus elle se maintient longtemps et plus elle est redoutable, car elle finit par pourrir le sol sur lequel elle repose, par empester l'atmosphère autour d'elle : les erreurs qu'elle consacre, les perversions d'idées et de sentiments qu'elle justifie et recommande prennent un tel

Élisée Reclus

caractère d'antiquité, de sainteté même, que rares sont les audacieux qui osent s'attaquer à elle. Chaque siècle de durée en accroît l'autorité, et si, néanmoins, elle finit par succomber, comme toutes choses, c'est qu'elle se trouve en désaccord croissant avec l'ensemble des faits nouveaux qui surgissent à l'entour.

Prenons pour exemple la première de toutes les institutions, la royauté, qui précéda même le culte religieux, car elle existait, bien avant l'homme, en nombre de tribus animales. Aussi quelle prise cette illusion de la nécessité d'un maître n'a-t-elle pas eue de tout temps sur les esprits ! Combien étaient-ils d'individus en France qui ne s'imaginaient pas être créés pour ramper aux pieds d'un roi, à l'époque où La Boétie écrivait son *Contr'Un,* cet ouvrage d'une si claire logique, alliée à tant d'honnête simplicité ? je me rappelle encore la stupeur que la proclamation de la « République » produisit en 1848 chez les paysans de nos campagnes : « Et pourtant il faut un maître ! » répétaient-ils à l'envi. Aussi s'arrangèrent-ils bientôt de manière à se donner ce maître, sans lequel ils ne s'imaginaient pas de société possible : évidemment leur monde politique devait être fait à l'image de leur propre monde familial, dans lequel ils revendiquaient l'autorité, la force même et la violence. Tant d'exemples de royautés diverses frappaient leurs yeux, et d'autre part l'hérédité de la servitude s'élimine si difficilement du sang, des nerfs, de la cervelle, que malgré le fait accompli, ils ne voulaient point admettre cette révolution des villes qui n'était pas encore une évolution des esprits villageois.

Heureusement que les rois eux-mêmes se chargent de détruire leur antique divinité : ils ne se meuvent plus en un monde inconnu du vulgaire ; mais, descendus de l'empyrée, ils se montrent, bien malgré eux, avec leurs travers, leurs caprices, leurs pauvretés, leurs ridicules ; on les étudie à la lorgnette, au monocle et sous toutes leurs faces ; on les soumet à la photographie, aux instantanés, aux rayons cathodiques, pour les voir jusque dans leurs viscères. Ils cessent d'être rois pour devenir de simples hommes, livrés aux flatteries bassement intéressées des uns, à la haine, au rire, au mépris des autres. Aussi faut-il se hâter de restaurer le « principe monarchique » pour essayer de lui rendre vie. On imagine donc des souverains responsables, des rois citoyens, personnifiant en leur majesté la « meilleure des Républiques », et quoique ces replâtrages soient de pauvres inventions, ils n'en ont pas moins dans certaines contrées une durée plus que séculaire, tant l'évolution lente des idées doit amener de révolutions partielles avant que la révolution complète, logique, soit accomplie ! Sous ses mille transformations, l'État, fût-il le plus populaire, n'en a pas moins pour principe premier, pour noyau primitif, l'autorité capricieuse d'un maître et par conséquent, la diminution ou même la perte totale de l'initiative chez le sujet, car ce sont nécessairement des hommes qui représentent cet État, et ces hommes, en vertu même de la possession du pouvoir, et par la définition même du mot « gouvernement » sous lequel on les embrasse, ont moins de contrepoids à leurs passions que la multitude des gouvernés.

D'autres institutions, celles des cultes religieux, ont pris aussi sur les âmes un si puissant empire que maints historiens libres d'esprit ont pu croire à l'impossibilité absolue pour les hommes de s'en affranchir. En effet, l'image de Dieu, que l'imagination populaire voit trôner au haut des cieux, n'est pas de celles qu'il soit facile de renverser. Quoique dans l'ordre logique du développement humain, l'organisation religieuse ait suivi le mouvement politique et que les prêtres soient venus après les chefs, car toute image suppose une réalité première, cependant la hauteur suprême à laquelle on avait placé cette illusion pour en faire la raison initiale de toutes les autorités terrestres, lui donnait un caractère auguste par excellence ; on s'adressait à la puissance souveraine et mystérieuse, au « Dieu Inconnu », dans un état de crainte et de tremblement qui supprimait toute pensée, toute velléité de critique, de jugement personnel. L'adoration, tel est le seul sentiment que les prêtres permettaient à leurs fidèles.

Pour reprendre possession de soi-même, pour récupérer son droit de pensée libre, l'homme indépendant - hérétique ou athée - avait donc à tendre toute son énergie, a réunir tous les efforts de son être, et l'histoire nous dit ce qu'il lui en coûta pendant les sombres époques de la domination ecclésiastique. Maintenant le « blasphème » n'est plus le crime des crimes, mais l'antique hallucination, transmise héréditairement, flotte encore dans l'espace aux yeux de foules innombrables.

Elle dure quand même, tout en se modifiant chaque jour afin de s'accommoder aux scrupules, aux idées nouvelles, et de faire une part sans cesse croissante aux découvertes de la science, qu'elle a néanmoins l'audace de mépriser en apparence et de honnir. Ces changements de costume, ces déguisements même aident l'Église, et avec elle tous les cultes religieux, à maintenir, leur autorité sur les esprits, à poser leur main sur les consciences, à faire de savantes mixtures des vieux mensonges avec la vérité nouvelle. jamais ceux qui pensent ne doivent oublier que les ennemis de la pensée sont en même temps par la force des choses, par la logique de la situation, les ennemis de toute liberté. Les autoritaires se sont accordés pour faire de la religion la clef de voûte de leur temple. Au Samson populaire de secouer les colonnes qui la soutiennent !

Et que dire de l'institution de la « justice » ? Ses représentants, aussi, comme les prêtres, aiment à se dire infaillibles, et l'opinion publique, même unanime, ne réussit point à leur arracher la réhabilitation d'un innocent injustement condamné. Les magistrats baissent l'homme qui sort de la prison pour leur reprocher justement son infortune et le poids si lourd de la réprobation sociale dont on l'a monstrueusement accablé. Sans doute, ils ne prétendent pas avoir le reflet de la divinité sur leur visage ; mais la justice, quoique simple abstraction, n'est-elle pas aussi tenue pour une Déesse et sa statue ne se dresse-t-elle pas dans les palais ? Comme le roi, jadis absolu, le magistrat a dû pourtant subir quelques atteintes à sa majesté première. Maintenant c'est au nom du peuple qu'il prononce des arrêts, mais sous prétexte qu'il défend la morale, il n'en est pas moins investi du pouvoir d'être criminel lui-même, de condamner l'innocent au bagne et de renvoyer absous le scélérat puissant ; il dispose du glaive de la loi, il tient les clefs du cachot ; il se plait à torturer matériellement et moralement les prévenus par le secret, la prison préventive, les menaces et les promesses perfides de l'accusateur dit « juge d'instruction » ; il dresse les guillotines et tourne la vis du garrot ; il fait l'éducation du policier, du mouchard, de il agent des mœurs ; c'est lui qui forme, au nom de la « défense sociale », ce monde hideux de la répression basse, ce qu'il y a de plus repoussant dans la fange et dans l'ordure.

Autre institution, l'armée, qui est censée se confondre avec le « peuple armé ! » chez toutes les nations où l'esprit de liberté souffle assez fort pour que les gouvernants se donnent la peine de les tromper. Mais

nous avons appris par une dure expérience que si le personnel des soldats s'est renouvelé, le cadre est resté le même et le principe n'a pas
changé. Les hommes ne furent pas achetés directement en Suisse ou
en Allemagne : ce ne sont plus des lansquenets et des reîtres, mais en
sont-ils plus libres ? Les cinq cent mille « baïonnettes intelligentes »
qui composent l'armée de la République française ont-elles le droit
de manifester cette intelligence quand le caporal, le sergent, toute la
hiérarchie de ceux qui commandent ont prononcé « Silence dans les
rangs ! » Telle est la formule première, et ce silence doit être en même
temps celui de la pensée. Quel est il officier, sorti de l'école ou sorti
des rangs, noble ou roturier, qui pourrait tolérer un instant que dans
toutes ces caboches alignées devant lui pût germer une pensée différente de la sienne ? C'est dans sa volonté que réside la force collective
de toute la masse animée qui parade et défile à son geste, au doigt et à
l'œil. Il commande ; à eux d'obéir. « En joue ! Feu ! » et il faut tirer sur
le Tonkinois ou sur le Nègre, sur le Bédouin de l'Atlas ou sur celui de
Paris, son ennemi ou son ami !

« Silence dans les rangs ! » Et si chaque année, les nouveaux contin-
gents que l'armée dévore devaient s'immobiliser absolument comme
le veut le principe de la discipline, ne serait-ce pas une espérance vaine
que d'attendre une réforme, une amélioration quelconque dans le régime inique sous lequel les sans-droit sont écrasés ?

L'empereur Guillaume dit : « Mon armée, Ma flotte » et saisit toutes
les occasions pour répéter à ses soldats, à ses marins qu'ils sont sa chose,
sa propriété physique et morale, et ne doivent pas hésiter un seul instant
à tuer père et mère si lui, le maître, leur montre cette cible vivante. Voilà
qui est parler ! Du moins ces paroles monstrueuses ont-elles le mérite
de répondre logiquement à la conception autoritaire d'une société ins-
tituée par Dieu. Mais si aux États-Unis, si dans la « libre Helvétie », l'officier général se garde prudemment de répéter les harangues impéria-
les, elles n'en sont pas moins sa règle de conduite dans le secret de son
cœur, et quand le moment est venu de les appliquer, il n'hésite point.
Dans la « grande »république américaine le président Mac Kinley élè-
ve au rang de général un héros qui applique à ses prisonniers philippins
la « question de l'eau » et qui donne l'ordre de fusiller dans l'île de
Samar tous les enfants ayant dépassé la dixième année ; dans le petit

canton suisse d'Uri d'autres soldats, qui n'ont pas la chance de travailler en grand comme leurs confrères des États-Unis, font « régner l'ordre » à coups de fusil tirés sur leurs frères travailleurs. Ce n'est donc pas sans diminution de leur dignité morale, sans abaissement de leur valeur personnelle, de leur franche et pure initiative, que dans n'importe quel pays, des hommes sont tenus de subir pendant des années un genre de vie qui comporte de leur part l'accoutumance au crime, l'acceptation tranquille de grossièretés et d'insultes, et par-dessus tout, la substitution d'une autre pensée, d'une autre volonté, d'une autre conduite à celles qui eussent été les leurs. Le soldat ne s'est pas tu impunément pendant les deux ou trois années de sa forte jeunesse : ayant été privé de sa libre expression, la pensée elle-même se trouve atteinte.

Et de toutes les autres institutions d'État, qu'elles se disent « libérales », « protectrices » ou « tutélaires », n'en est-il pas comme de la magistrature et de l'armée ? Ne sont-elles pas fatalement, de par leur fonctionnement même, autoritaires, abusives, malfaisantes ? Les écrivains comiques ont plaisanté jusqu'à lassitude les « ronds-de-cuir » des administrations gouvernementales ; mais si risibles que soient tous ces plumitifs, ils sont bien plus funestes encore, malgré eux d'ailleurs et sans qu'on puisse reprocher quoi que ce soit à ces victimes inconscientes d'un état politique momifié, en désaccord avec la Vie. Indépendamment de beaucoup d'autres éléments corrupteurs, favoritisme, paperasserie, insuffisance de besogne utile pour une cohue d'employés, le fait seul d'avoir institué, réglementé, codifié, flanqué de contraintes, d'amendes, de gendarmes et de geôliers l'ensemble plus ou moins incohérent des conceptions politiques, religieuses, morales et sociales d'aujourd'hui pour les imposer aux hommes de demain, ce fait absurde en soi, ne peut avoir que des conséquences contradictoires. La vie, toujours imprévue, toujours renouvelée, ne peut s'accommoder de conditions élaborées pour un temps qui n'est plus. Non seulement la complication et l'enchevêtrement des rouages rendent souvent impossible ou même empêchent par un long retard la solution des affaires les plus simples, mais toute la machine cesse parfois de fonctionner pour les choses de la plus haute importance, et c'est par « coups d'État », petits ou grands, qu'il faut vaincre la difficulté : les souverains, les puissants se plaignent dans ce cas que « la légalité les tue » et en sortent bravement « pour entrer dans le droit ». Le succès légitime leur acte aux yeux de l'historien ;

l'insuccès les met au rang des scélérats. Il en est de même pour la foule des sujets ou des citoyens qui brisent règlements et lois par un coup de révolution : la postérité reconnaissante les sacre héros. La défaite en eût fait des brigands.

Bien avant d'exister officiellement comme émanations de l'État, avant d'avoir reçu leur charte des mains d'un prince ou par le vote de représentants du peuple, les institutions en formation sont des plus dangereuses et cherchent à vivre aux dépens de la société, à constituer un monopole à leur profit. Ainsi l'esprit de corps entre gens qui sortent d'une même école à diplôme transforme tous les « camarades », si braves gens qu'ils soient, en autant de conspirateurs inconscients, ligués pour leur bien-être particulier et contre le bien public, autant d'hommes de proie qui détrousseront les passants et se partageront le butin. Voyez-les déjà, les futurs fonctionnaires, au collège avec leurs képis numérotés ou dans quelque université avec leurs casquettes blanches ou vertes : peut-être n'ont-ils prêté aucun serment en endossant l'uniforme, mais s'ils n'ont pas juré, ils n'en agissent pas moins suivant l'esprit de caste, résolus à prendre toujours les meilleures parts. Essayez de rompre le « monôme » des anciens polytechniciens, afin qu'un homme de mérite puisse prendre place en leurs rangs et arrive à partager les mêmes fonctions ou les mêmes honneurs ! Le ministre le plus puissant ne saurait y parvenir. À aucun prix on n'acceptera l'intrus ! Que l'ingénieur, feignant de se rappeler son métier, difficilement appris, fasse des ponts trop courts, des tunnels trop bas ou des murs de réservoirs trop faibles, peu importe ; mais avant tout, qu'il soit sorti de l'École, qu'il ait l'honneur d'avoir été au nombre des « pipos » !

La psychologie sociale nous enseigne donc qu'il faut se méfier non seulement du pouvoir déjà constitué, mais encore de celui qui est en germe. Il importe également d'examiner avec soin ce que signifient dans la pratique des choses les mots d'apparence anodine ou même séduisante : telles les expressions de « patriotisme », d'« ordre », de « paix sociale ». Sans doute c'est un sentiment naturel et très doux que l'amour du sol natal : c'est chose exquise pour l'exilé d'entendre la chère langue maternelle et de revoir les sites qui rappellent le lieu de la naissance. Et l'amour de l'homme ne se porte pas uniquement vers la terre qui l'a nourri, vers le langage qui l'a bercé, il s'épand aussi en élan naturel vers les fils du même sol, dont il partage les idées, les sentiments et les mœurs ; enfin, s'il a l'âme haute, il s'éprendra en toute ferveur d'une passion de solidarité pour ceux dont il connaît intimement les besoins et les vœux. Si c'est là le « patriotisme », quel homme de cœur pourrait ne pas le ressentir ? Mais presque toujours le mot cache une signification tout autre que celle de « communauté des affections » (Saint-Just) ou de « tendresse pour le lieu de ses pères ».

Par un contraste bizarre, jamais on ne parla de la patrie avec une aussi bruyante affectation que depuis le temps où on la voit se perdre peu à peu dans la grande patrie terrestre de l'Humanité. On ne voit partout que drapeaux, surtout à la porte des guinguettes et des maisons à fenêtres louches. Les « classes dirigeantes » se targuent à pleine bouche de leur patriotisme, tout en plaçant leurs fonds à l'étranger et en trafiquant avec Vienne ou Berlin de ce qui leur rapporte quelque argent, même des secrets d'État. jusqu'aux savants, qui, oublieux du temps où ils constituaient une république internationale de par le monde, parlent de « science française », de « science allemande », de « science italienne » comme s'il était possible de cantonner entre des frontières, sous l'égide des gendarmes, la connaissance des faits et la propagation des idées : on vante le protectionnisme pour les productions de l'esprit comme pour les navets et les cotonnades. Mais, en proportion même de ce rétrécissement intellectuel dans le cerveau des importants, s'élargit la pensée des petits. Les hommes d'en haut raccourcissent leur domaine et leur espoir à mesure que nous, les révoltés, nous prenons possession de l'univers et agrandissons nos cœurs. Nous nous sentons camarades de par la terre entière, de l'Amérique à l'Europe et de l'Europe à l'Australie ; nous nous servons du même langage pour revendiquer les mêmes intérêts, et le moment vient où nous aurons d'un élan spontané la même tactique, un seul mot de ralliement. Notre ligne surgit de tous les coins du monde.

En comparaison de ce mouvement universel, ce que l'on est convenu d'appeler patriotisme n'est donc autre chose qu'une régression à tous les points de vue. Il faut être naïf parmi les naïfs pour ignorer que les « catéchismes du citoyen » prêchent l'amour de la patrie pour servir l'ensemble des intérêts et des privilèges de la classe dirigeante, et qu'ils cherchent à maintenir, au profit de cette classe, la haine de frontière à frontière entre les faibles et les déshérités. Sous le mot de patriotisme et les commentaires modernes dont on l'entoure, on déguise les vieilles pratiques d'obéissance servile à la volonté d'un chef, l'abdication complète de l'individu en face des gens qui détiennent le pouvoir et veulent se servir de la nation tout entière comme d'une force aveugle. De même, les mots « ordre, paix sociale » frappent nos oreilles avec une belle sonorité ; mais nous désirons savoir ce que ces bons apôtres, les gouvernants, entendent par ces paroles. Oui, la paix et l'ordre sont un grand idéal à réaliser, à une condition pourtant : que cette paix ne soit pas celle du tombeau, que cet ordre ne soit pas celui de Varsovie ! Notre paix future ne doit pas naître de la domination indiscutée des uns et de l'asservissement sans espoir des autres, mais de la bonne et franche égalité entre compagnons.

Élisée Reclus

Chapitre V

L'idéal évolutionniste,
le but révolutionnaire

L'idéal évolutionniste, le but révolutionnaire - Le « pain pour tous ! ». La pauvreté et la « loi de Malthus » - Suffisance et surabondance des ressources - Idéal de la pensée, de la parole, de l'action libres - Anarchistes, ennemis de la religion, de la famille et de la propriété ».

L'objectif premier de tous les évolutionnistes consciencieux et actifs étant de connaître à fond la société ambiante qu'ils réforment dans leur pensée, ils doivent en second lieu chercher à se rendre un compte précis de leur idéal révolutionnaire. Et l'étude en doit être d'autant plus scrupuleuse que cet idéal embrasse l'avenir avec une plus grande ampleur, car tous, amis et ennemis, savent qu'il ne s'agit plus de petites révolutions partielles, mais bien d'une révolution générale, pour l'ensemble de la société et dans toutes ses manifestations.

Les conditions mêmes de la vie nous dictent le vœu capital. Les cris, les lamentations qui sortent des huttes de la campagne, des caves, des soupentes, des mansardes de la ville, nous le répètent incessamment : « Il faut du pain ! »Toute autre considération est primée par cette collective expression du besoin primordial de tous les êtres vivants. L'existence même étant impossible si l'instinct de la nourriture n'est pas assouvi, il faut le satisfaire à tout prix et le satisfaire pour tous, car la société ne se divise point en deux parts, dont l'une resterait sans droits à la vie. « Il faut du pain ! » et cette parole doit être comprise dans sa plus large acception, c'est-à-dire qu'il faut revendiquer pour tous les hommes, non seulement la nourriture, mais aussi « la joie », c'est-à-dire toutes les satisfactions matérielles utiles à l'existence, tout ce qui permet à la force et à la santé physiques de se développer dans leur plénitude. Suivant l'expression d'un puissant capitaliste, qui se dit tourmenté Par la préoccupation de la justice : « Il faut égaliser le point de départ pour tous ceux qui ont à courir l'enjeu de la vie. »

On se demande souvent comment les faméliques, si nombreux pourtant, ont pu surmonter pendant tant de siècles et surmontent encore en eux cette passion de la faim qui surgit dans leurs entrailles, comment ils ont pu s'accommoder en douceur à l'affaiblissement organique et à l'inanition. L'histoire du passé nous l'explique. C'est qu'en effet, pendant la période de l'isolement primitif, lorsque les familles peu nombreuses ou de faibles tribus devaient lutter à grand effort pour leur vie et ne pouvaient encore invoquer le lien de la solidarité humaine, il arrivait fréquemment, et même plusieurs fois pendant une seule génération, que les produits n'étaient pas en suffisance pour les nécessités de tous les membres du groupe. En ce cas, qu'y avait-il à faire, sinon à se résigner, à s'habituer de son mieux à vivre d'herbes ou d'écorce, à supporter sans mourir de longs jeûnes, en attendant que la vague ramenât des poissons, que le gibier revint dans la forêt ou qu'une nouvelle récolte germât de l'avare sillon ?

Ainsi les pauvres s'habituèrent à la faim. Ceux d'entre eux que l'on voit maintenant errer avec mélancolie devant les soupiraux fumeux des cuisines souterraines, devant les beaux étalages des fruitiers, des charcutiers, des rôtisseurs, sont des gens dont l'hérédité a fait l'éducation : ils obéissent inconsciemment à la morale de la résignation, qui fut vraie à l'époque où l'aveugle destinée frappait les hommes au hasard, mais qui n'est plus de mise aujourd'hui dans une société aux richesses surabondantes, au milieu d'hommes qui inscrivent le mot de « Fraternité » sur leurs murailles et qui ne cessent de vanter leur philanthropie. Et pourtant le nombre des malheureux qui osent avancer la main pour prendre cette nourriture tendue vers le passant est bien peu considérable, tant l'affaiblissement physique causé par la faim annihile du même coup la volonté, détruit toute énergie, même instinctive ! D'ailleurs, la « justice »actuelle est tout autrement sévère que les anciennes lois pour le vol d'un morceau de pain. On a vu notre moderne Thémis peser un gâteau dans sa balance et le trouver lourd d'une année de prison.

« Il y aura toujours des pauvres avec vous ! » aiment à répéter les heureux rassasiés, surtout ceux qui connaissent bien les textes sacrés et qui aiment à se donner des airs dolents et mélancoliques. « Il y aura toujours des pauvres avec vous ! »Cette parole, disent-ils, est tombée de la bouche d'un Dieu et ils la répètent en tournant les yeux et en parlant du fond de la gorge pour lui donner plus de solennité. Et c'est même parce

Élisée Reclus

que cette parole était censée être divine que les pauvres aussi, dans le temps de leur pauvreté intellectuelle, croyaient à l'impuissance de tous leurs efforts pour arriver au bien-être : se sentant perdus dans ce monde, ils regardaient vers le monde de l'au-delà. « Peut-être, se disaient-ils, mourrons-nous de faim sur cette terre de larmes ; mais à côté de Dieu, dans ce ciel glorieux où le nimbe du soleil entourera nos fronts, où la voie lactée sera notre tapis, nul besoin ne sera de nourriture comestible, et nous aurons la jouissance vengeresse d'entendre les hurlements du mauvais riche à jamais rongé par la faim. » Maintenant quelques malheureux à peine se laissent encore mener par ces vaticinations, mais la plupart, devenus plus sages, ont les yeux tournés vers le pain de cette terre qui donne la vie matérielle, qui fait de la chair et du sang, et ils en veulent leur part, sachant que leur vouloir est justifié par la richesse surabondante de la terre.

Les hallucinations religieuses, soigneusement entretenues par les prêtres intéressés, n'ont donc plus guère le pouvoir de détourner les faméliques, même ceux qui se disent chrétiens, de la revendication de ce pain quotidien que l'on demandait naguère à la bienveillance quinteuse du « Père qui est aux Cieux ». Mais l'économie politique, la prétendue science, a pris l'héritage de la religion, prêchant à son tour que la misère est inévitable et que si des malheureux succombent à la faim, la société n'en porte aucunement le blâme. Que l'on voie d'un côté la tourbe des pauvres affamés, de l'autre quelques privilégiés mangeant à leur appétit et s'habillant à leur fantaisie, on doit croire en toute naïveté qu'il ne saurait en être autrement ! Il est vrai qu'en temps d'abondance on n'aurait qu'à « prendre au tas » et qu'en temps de disette tout le monde pourrait se mettre de concert à la ration, mais pareille façon d'agir supposerait l'existence d'une société étroitement unie par un lien de solidarité fraternelle. Ce communisme spontané ne paraissant pas encore possible, le pauvre naïf, qui croit benoîtement au dire des économistes sur l'insuffisance des produits de la terre, doit en conséquence accepter son infortune avec résignation.

De même que les pontifes de la science économique, les victimes du mauvais fonctionnement social répètent, chacun à sa manière, la terrible « loi de Malthus » - « Le pauvre est de trop » - que l'ecclésiastique protestant formula comme un axiome mathématique, il y a près d'un siècle, et qui semblait devoir enfermer la société dans les formidables mâchoires de son syllogisme : tous les miséreux se disaient mélancoliquement qu'il n'y a point de place pour eux au « banquet de la vie ». Le fameux économiste, bonhomme d'ailleurs, venait ajouter de la force à leur douloureuse conclusion en l'appuyant sur tout un échafaudage d'apparence mathématique : la population, dit-il, doublerait normalement de vingt-cinq en vingt-cinq ans, tandis que les subsistances s'accroîtraient suivant une proportion beaucoup moins rapide, nécessitant ainsi une élimination annuelle des individus surnuméraires. Que faut-il donc faire, d'après Malthus et ses disciples, pour éviter que l'humanité ne soit mise en coupe réglée par la misère, la famine et les pestes ? Certes, on ne saurait exiger des pauvres qu'ils débarrassent généreusement la terre de leur présence, qu'ils se sacrifient en holocauste aux dieux de la « saine économie politique » ; mais du moins leur conseille-t-on de se priver des joies de la famille : pas de femmes, pas d'enfants ! C'est ainsi qu'on entend cette « réserve morale » que l'on adjure les sages travailleurs de vouloir bien observer. Une descendance nombreuse doit être un luxe réservé aux seuls favorisés de la richesse, telle est la morale économique.

Mais si les pauvres, restés imprévoyants malgré les objurgations des professeurs, ne veulent pas employer les moyens préventifs contre l'accroissement de population, alors la nature se charge de réprimer l'excédent. Et cette répression s'accomplit, dans notre société malade, d'une manière infiniment plus ample que les pessimistes les plus sombres ne se l'imaginent. Ce ne sont pas des milliers, mais des millions de vies que réclame annuellement le dieu de Malthus. Il est facile de calculer approximativement le nombre de ceux que la destinée économique a condamnés à mort depuis le jour où l'âpre théologien proclama la prétendue « loi » que l'incohérence sociale a malheureusement rendue vraie pour un temps. Durant ce siècle, trois générations se sont succédées en Europe. Or, en consultant les tables de mortalité, on constate que la vie moyenne des gens riches (par exemple les habitants des quartiers aérés et somptueux, à Londres, à Paris, à Berne) dépasse soixante, atteint même soixante-dix ans. Ces gens ont pourtant, de par l'inégalité même, bien des raisons de ne pas fournir leur carrière normale : la « grande vie » les sollicite et les corrompt sous toutes les formes ; mais le bon air, la bonne chère, la variété dans la résidence et les occupations, les guérissent et les renouvellent. Les gens asservis à un travail qui est la condition même de leur gagne-pain sont, au contraire, condamnés d'avance à succomber, suivant les pays de l'Europe, entre vingt et quarante ans, soit à trente en moyenne. C'est dire qu'ils fournissent seulement la moitié des jours qui leur seraient dévolus s'ils vivaient en liberté, maîtres de choisir leur résidence et leur œuvre. Ils meurent donc précisément à l'heure où leur existence devrait atteindre toute son intensité ; et chaque année, quand on fait le compte des morts, il est au moins double de ce qu'il devrait être dans une société d'égaux. Ainsi la mortalité annuelle de l'Europe étant d'environ douze millions d'hommes, on peut affirmer que six millions d'entre eux ont été tués par les conditions sociales qui règnent dans notre milieu barbare ; six millions ont péri par manque d'air pur, de nourriture saine, d'hygiène convenable, de travail harmonique. Eh bien ! comptez les morts depuis que Malthus a parlé, prononçant d'avance sur l'immense hécatombe son oraison funèbre ! N'est-il pas vrai que toute une moitié de l'humanité dite civilisée se compose de gens qui ne sont pas invités au banquet social ou qui n'y trouvent place que pour un temps, condamnés à mourir la bouche contractée par les désirs inassouvis ? La mort préside au repas, et de sa faux elle écarte les tard venus. On nous montre dans les Expositions d'admirables « couveuses », où toutes les lois de la physique, toutes les connaissances en physiologie, toutes les ressources d'une industrie ingénieuse sont appliquées à faire vivre des enfants nés avant terme, à sept, même à six mois. Et ces enfants continuent de respirer, ils prospèrent, deviennent de magnifiques poupons, gloire de leur sauveteur, orgueil de leur mère. Mais si l'on arrache à la mort ceux que la nature semblait avoir condamnés, on y précipite par millions les enfants que d'excellentes conditions de naissance avaient destinés à vivre. À Naples, dans un hospice des Enfants Trouvés, le rapport officiel des curateurs nous dit d'un style dégagé que sur neuf cent cinquante enfants il en est resté trois en vie !

La situation est donc atroce, mais une immense évolution s'est accomplie, annonçant la révolution prochaine. Cette évolution, c'est que la « science » économique, prophétisant le manque de ressources et la mort inévitable des faméliques, s'est trouvée en défaut et que l'humanité souffrante, se croyant pauvre naguère, a découvert sa richesse : son idéal du « pain pour tous » n'est point une utopie. La terre est assez vaste pour nous porter tous sur son sein, elle est assez riche pour nous faire vivre dans l'aisance. Elle peut donner assez de moissons pour que tous aient à manger ; elle fait naître assez de plantes fibreuses pour que tous aient à se vêtir ; elle contient assez de pierres et d'argile pour que tous puissent avoir des maisons. Tel est le fait économique dans toute sa simplicité. Non seulement ce que la terre produit suffirait à la consommation de ceux qui l'habitent, mais elle suffirait si la consommation doublait tout à coup, et cela quand même la science n'interviendrait pas pour faire sortir l'agriculture de ses procédés empiriques et mettre à son service toutes les ressources fournies maintenant par la chimie, la physique, la météorologie, la mécanique. Dans la grande famille de l'humanité, la faim n'est pas seulement le résultat d'un crime collectif, elle est encore une absurdité, puisque les produits dépassent deux fois les nécessités de la consommation.

Tout l'art actuel de la répartition, telle qu'elle est livrée au caprice individuel et à la concurrence effrénée des spéculateurs et des commerçants, consiste à faire hausser les prix, en retirant les produits à ceux qui les auraient pour rien et en les portant à ceux qui les paient cher : mais dans ce va-et-vient des denrées et des marchandises, les objets se gaspillent, se corrompent et se perdent. Les pauvres loqueteux qui passent devant les grands entrepôts le savent. Ce ne sont pas les paletots qui manquent pour leur couvrir le dos, ni les souliers pour leur chausser les pieds, ni les bons fruits, ni les boissons chaudes pour leur restaurer l'estomac. Tout est en abondance et en surabondance, et pendant qu'ils errent çà et là, jetant des regards affamés autour d'eux, le marchand se demande comment il pourra faire enchérir ses denrées, au besoin même en diminuer la quantité. Quoi qu'il en soit, le fait subsiste, la constance d'excédent pour les produits ! Et pourquoi messieurs les économistes ne commencent-ils pas leurs manuels en constatant ce fait capital de statistique ? Et pourquoi faut-il que ce soit nous, révoltés, qui le leur apprenions ? Et comment expliquer que les ouvriers sans culture, conversant après le travail de la journée, en sachent plus long à cet égard que les professeurs et les élèves les plus savants de l'École des Sciences morales et politiques ? Faut-il en conclure que l'amour de l'étude n'est pas, chez ces derniers, d'une absolue sincérité ?

L'évolution économique contemporaine nous ayant pleinement justifiés dans notre revendication du pain, il reste à savoir si elle nous justifie également dans un autre domaine de notre idéal, la revendication de la liberté. « L'homme ne vit pas de pain seulement », dit un vieil adage, qui restera toujours vrai, à moins que l'être humain ne régresse à la pure existence végétative ; mais quelle est cette substance alimentaire indispensable en dehors de la nourriture matérielle ? Naturellement l'Église nous prêche que c'est la « Parole de Dieu », et l'État nous mande que c'est l'« Obéissance aux Lois ». Cet aliment qui développe la mentalité et la moralité humaines, c'est le « fruit de la science du bien et du mal », que le mythe des Juifs et de toutes les religions qui en sont dérivées nous interdit comme la nourriture vénéneuse par excellence, comme le poison moral viciant toutes choses, et même, « jusqu'à la troisième génération », la descendance de celui qui l'a goûté ! Apprendre, voilà le crime d'après l'Église, le crime d'après l'État, quoi que puissent imaginer des prêtres et des agents de gouvernement ayant absorbé malgré eux des germes d'hérésie. Apprendre, c'est là au contraire la vertu par excellence pour l'individu libre se dégageant de toute autorité divine ou humaine : il repousse également ceux qui, au nom d'une « Raison suprême », s'arrogent le droit de penser et de parler pour autrui et ceux qui, de par la volonté de l'État, imposent des lois, une prétendue morale extérieure, codifiée et définitive. Ainsi l'homme qui veut se développer en être moral doit prendre exactement le contre-pied de ce que lui recommandent et l'Église et l'État : il lui faut penser, parler, agir librement. Ce sont là les conditions indispensables de tout progrès.

« Penser, parler, agir librement » en toutes choses ! L'idéal de la société future, en contraste et cependant en continuation de la société actuelle, se précise donc de la manière la plus nette. Penser librement ! Du coup l'évolutionniste, devenu révolutionnaire, se sépare de toute église dogmatique, de tout corps statutaire, de tout groupement politique à clauses obligatoires, de toute association, publique ou secrète dans laquelle le sociétaire doit commencer par accepter, sous peine de trahison, des mots d'ordre incontestés. Plus de congrégations pour mettre les écrits à l'Index ! Plus de rois ni de princes pour demander un serment d'allégeance, ni de chef d'armée pour exiger la fidélité au drapeau ; plus de ministre de l'Instruction publique pour dicter des enseignements, pour désigner jusqu'aux passages des livres que l'instituteur devra expliquer ; plus de comité directeur qui exerce la censure des hommes et des choses à l'entrée des « maisons du peuple ». Plus de juges pour forcer un témoin à prêter un serment ridicule et faux, impliquant de toute nécessité un parjure par le fait même que le serment est lui-même un mensonge. Plus de chefs, de quelque nature que ce soit, fonctionnaire, instituteur, membre de comité clérical ou socialiste, patron ou père de famille, pour s'imposer en maître auquel l'obéissance est due.

Et la liberté de parole ? Et la liberté d'action ? Ne sont-ce pas là des conséquences directes et logiques de la liberté de pensée ? La parole n'est que la pensée devenue sonore, l'acte n'est que la pensée devenue visible. Notre idéal comporte donc pour tout homme la pleine et absolue liberté d'exprimer sa pensée en toutes choses, science, politique, orale, sans autre réserve que celle de son respect pour autrui ; il comporte également pour chacun le droit d'agir à son gré, de « faire ce qu'il veut », tout en associant naturellement sa volonté à celle des autres hommes dans toutes les oeuvres collectives : sa liberté propre ne se trouve point limitée par cette union, mais elle grandit au contraire, grâce à la force de la volonté commune.

Il va sans dire que cette liberté absolue de pensée, de parole et d'action est incompatible avec le maintien des institutions qui mettent une restriction à la pensée libre, qui fixent la parole sous forme de voeu définitif, irrévocable, et prétendent même forcer le travailleur à se croiser les bras, à mourir d'inanition devant la consigne d'un propriétaire. Les conservateurs ne s'y sont point trompés quand ils ont donné aux révolutionnaires le nom général « d'ennemis de la religion, de la famille et de la propriété ». Oui, les anarchistes repoussent l'autorité du dogme et l'intervention du surnaturel dans notre vie, et, en ce sens, quelque ferveur qu'ils apportent dans la lutte pour leur idéal de fraternité et de solidarité, ils sont ennemis de la religion. Oui, ils veulent la suppression du trafic matrimonial, ils veulent les unions libres, ne reposant que sur l'affection mutuelle, le respect de soi et de la dignité d'autrui, et, en ce sens, si aimants et si dévoués qu'ils soient pour ceux dont la vie est associée à la leur, ils sont bien les ennemis de la famille. Oui, ils veulent supprimer l'accaparement de la terre et de ses produits pour les rendre à tous, et, en ce sens, le bonheur qu'ils auraient de garantir à tous la jouissance des fruits du sol, en fait des ennemis de la propriété. Certes, nous aimons la paix : nous avons pour idéal l'harmonie entre tous les

Élisée Reclus

hommes, et cependant la guerre sévit autour de nous ; au loin devant nous, elle nous apparaît encore en une douloureuse perspective, car dans l'immense complexité des choses humaines la marche vers la paix est elle-même accompagnée de luttes. « Mon royaume n'est pas de ce monde » disait le Fils de l'Homme ; et pourtant lui aussi « apportait une épée », préparant « la division entre le fils et le père, entre la fille et la mère ». Toute cause, même la plus mauvaise, a ses défenseurs qu'il convient de supposer honnêtes, et la sympathie, le respect mérités par eux ne doivent pas empêcher les révolutionnaires de les combattre avec toute l'énergie de leur vouloir.

Chapitre V

Chapitre VI

Les espoirs illogiques

Les espoirs illogiques - L'inflexibilité forcée du capital - Péjoration morale de tous les partis qui conquièrent le pouvoir, monarchistes, républicains et socialistes - Le suffrage universel et l'évolution fatale des candidats - Le « premier Mai ». Le dédoublement des partis.

De bonnes âmes espèrent que tout s'arrangera quand même, et que, en un jour de révolution pacifique, nous verrons les défenseurs du privilège céder de bonne grâce à la poussée d'en bas.

Certes, nous avons confiance qu'ils céderont un jour, mais alors le sentiment qui les guidera ne sera certainement point d'origine spontanée : l'appréhension de l'avenir et surtout la vue de « faits accomplis » portant le caractère de l'irrévocable, leur imposeront un changement de voie ; ils se modifieront sans doute, mais quand il y aura pour eux impossibilité absolue de continuer les errements suivis. Ces temps sont encore éloignés. C'est dans la nature même des choses que tout organisme fonctionne dans le sens de son mouvement normal : il peut s'arrêter, se briser, mais non fonctionner à rebours. Toute autorité cherche à s'agrandir aux dépens d'un plus grand nombre de sujets ; toute monarchie tend forcément à devenir monarchie universelle. Pour un Charles Quint, qui, réfugié dans un couvent, assiste de loin à la tragi-comédie des peuples, combien d'autres souverains dont l'ambition de commander ne sera jamais satisfaite et qui, sauf la gloire et le génie, sont autant d'Alexandres, de Césars, et d'Attilas ? De même, les financiers qui, las de gagner, donnent tout leur avoir à une belle cause, sont des êtres relativement rares ; même ceux qui auraient la sagesse de modérer leurs vœux ne peuvent pas s'arrêter à cette fantaisie : le milieu dans lequel ils se trouvent continue de travailler pour eux ; les capitaux ne cessent de se reproduire en revenus à intérêts composés. Dès qu'un homme est nanti d'une autorité quelconque, sacerdotale, militaire, administrative ou financière, sa tendance naturelle est d'en user, et sans contrôle ; il n'est guère de geôlier qui ne tourne sa clef dans la serrure avec un sentiment glorieux de sa toute puissance, de garde champêtre qui ne surveille la propriété des maîtres avec des regards de haine contre le maraudeur ; d'huissier qui n'éprouve un souverain mépris pour le pauvre diable auquel il fait sommation.

Et si les individus isolés sont déjà énamourés de la « part de royauté » qu'on a eu l'imprudence de leur départir, combien plus encore les corps constitués ayant des traditions de pouvoir héréditaire et un point d'honneur collectif ! On comprend qu'un individu, soumis à une influence particulière, puisse être accessible à la raison ou à la bonté, et que, touché d'une pitié soudaine, il abdique sa puissance ou rende sa fortune, heureux de retrouver la paix et d'être accueilli comme un frère par ceux qu'il opprimait jadis à son insu ou inconsciemment ; mais comment attendre acte pareil de toute une caste d'hommes liés les uns aux autres par une chaîne d'intérêts, par les illusions et les conventions professionnelles, par les amitiés et les complicités, même par les crimes ? Et quand les serres de la hiérarchie et l'appeau de l'avancement tiennent l'ensemble du corps dirigeant en une masse compacte, quel espoir a-t-on de le voir s'améliorer tout à coup, quel rayon de la grâce pourrait humaniser cette caste ennemie - armée, magistrature, clergé ? Est-il possible de s'imaginer logiquement qu'un pareil groupe puisse avoir des accès de vertu collective et céder à d'autres raisons que la peur ? C'est une machine, vivante, il est vrai, et composée de rouages humains ; mais elle marche devant elle, comme animée d'une force aveugle, et pour l'arrêter, il ne faudra rien de moins que la puissance collective, insurmontable, d'une révolution.

En admettant toutefois que les « bons riches », tous entrés dans leur « chemin de Damas », fussent illuminés soudain par un astre resplendissant et qu'ils se sentissent convertis, renouvelés comme par un coup de foudre ; en admettant - ce qui nous parait impossible - qu'ils eussent conscience de leur égoïsme passé et que, se débarrassant en toute hâte de leur fortune au profit de ceux qu'ils ont lésés, ils rendissent tout et se présentassent les mains ouvertes dans l'assemblée des pauvres en leur disant : « Prenez ! » ; s'ils faisaient toutes ces choses, eh bien ! justice ne serait point encore faite : ils garderaient le beau rôle qui ne leur appartient pas et l'histoire les présenterait d'une façon mensongère. C'est ainsi que des flatteurs, intéressés à louer les pères pour se servir des fils, ont exalté en termes éloquents la nuit du 4 août, comme si le moment où les nobles abandonnèrent leurs titres et privilèges, abolis déjà par le peuple, avait résumé tout l'idéal de la Révolution française. Si l'on entoure de ce nimbe glorieux un abandon fictif consenti sous la pression du fait accompli, que ne dirait-on pas d'un abandon réel et spontané de la fortune mal acquise par les anciens exploiteurs ? Il serait à craindre que l'admiration et la reconnaissance publiques les rétablissent à leur place usurpée. Non, il faut, pour que justice se fasse, pour que les choses reprennent leur équilibre naturel, il faut que les opprimés se relèvent par leur propre force, que les spoliés reprennent leur bien, que les esclaves reconquièrent la liberté. Ils ne l'auront réellement qu'après l'avoir gagnée de haute lutte.

Nous connaissons tous le parvenu qui s'enrichit. Il est gonflé presque toujours par l'orgueil de la fortune et le mépris du pauvre. « En montant à cheval, dit un proverbe turkmène, le fils ne connaît plus son père ! » - « En roulant dans un char, ajoute la sentence hindoue, l'ami cesse d'avoir des amis. » Mais toute une classe qui parvient est bien autrement dangereuse qu'un individu : elle ne permet plus à ses membres isolés d'agir en dehors des instincts, des appétits communs ; elle les entraîne tous dans la même voie fatale. L'âpre marchand qui sait « tondre un oeuf » est redoutable ; mais que dire de toute une compagnie d'exploitation moderne, de toute une société capitaliste constituée par actions, obligations, crédit ? Comment faire pour moraliser ces paperasses et ces monnaies ? Comment leur inspirer cet esprit de solidarité envers les hommes qui prépare la voie aux changements de l'état social ? Telle banque composée de purs philanthropes n'en prélèverait pas moins ses commissions, intérêts et gages : elle ignore que des larmes ont coulé sur les gros sous et sur les pièces blanches si péniblement amassés, qui vont s'engouffrer dans les coffres forts à chiffres savants et à centuple serrure. On nous dit toujours d'attendre l'œuvre du temps, qui doit amener l'adoucissement des mœurs et la réconciliation finale ; mais comment ce coffre-fort s'adoucira-t-il, comment s'arrêtera le fonctionnement de cette formidable mâchoire de l'ogre, broyant sans cesse les générations humaines ?

Oui, si le capital, soutenu par toute la ligue des privilégiés, garde immuablement la force, nous serons tous les esclaves de ses machines, de simples cartilages rattachant les dents de fer aux arbres de bronze ou d'acier ; si aux épargnes réunies dans les coffres des banquiers s'ajoutent sans cesse de nouvelles dépouilles gérées par des associés responsables seulement devant leurs livres de caisse, alors c'est en vain que vous feriez appel à la pitié, personne n'entendra vos plaintes. Le tigre peut se détourner de sa victime, mais les livres de banque prononcent des arrêts sans appels ; les hommes, les peuples sont écrasés sous ces pesantes archives, dont les pages silencieuses racontent en chiffre, l'œuvre impitoyable. Si le capital devait l'emporter, il serait temps de pleurer notre âge d'or, nous pourrions alors regarder derrière nous et voir, comme une lumière qui s'éteint, tout ce que la terre eut de doux et de bon, l'amour, la gaieté, l'espérance. L'Humanité aurait cessé de vivre.

Nous tous qui, pendant une vie déjà longue, avons vu les révolutions politiques se succéder, nous pouvons nous rendre compte de ce travail incessant de péjoration que subissent les institutions basées sur l'exercice du pouvoir. Il fut un temps où ce mot de « République » nous transportait d'enthousiasme : il nous semblait que ce terme était composé de syllabes magiques, et que le monde serait comme renouvelé le jour où l'on pourrait enfin le prononcer à haute voix sur les places publiques. Et quels étaient ceux qui brûlaient de cet amour mystique pour l'avènement de l'ère républicaine, et qui voyaient avec nous dans ce changement extérieur l'inauguration de tous les progrès politiques et sociaux ? Ceux-là même qui ont maintenant les places et les sinécures, ceux qui font les aimables avec les massacreurs des Arméniens et les barons de la finance. Et certes, je n'imagine pas que, dans ces temps lointains, tous ces parvenus fussent en masse de purs hypocrites. Il y en avait sans doute beaucoup parmi eux qui flairaient le vent et orientaient leur voile ; mais la plupart étaient sincères, j'aime à le croire. Ils avaient le fanatisme de la « République », et c'est de tout cœur qu'ils en acclamaient la trilogie : Liberté, Égalité, Fraternité ; en toute naïveté qu'au lendemain de la victoire ils acceptaient des fonctions rétribuées, dans la ferme espérance que leur dévouement à la cause commune ne faiblirait pas un jour ! Et quelques mois après, quand ces mêmes républicains étaient au pouvoir, d'autres républicains se traînaient péniblement et tête nue sur les boulevards de Versailles entre plusieurs files de fantassins et de cavaliers. La foule les insultait, leur crachait au visage et, dans cette multitude de figures haineuses et grimaçantes, les captifs distinguaient leurs anciens camarades de luttes, d'évocations et d'espérances !

Que de chemin parcouru, depuis le jour où les révoltés de la veille sont devenus les conservateurs du lendemain ! La République, comme forme de pouvoir, s'est affermie ; et c'est en proportion même de son affermissement qu'elle est devenue servante à tout faire. Comme par un mouvement d'horlogerie, aussi régulier que la marche de l'ombre sur un mur, tous ces fervents jeunes hommes qui faisaient des gestes de héros devant les sergents de ville sont devenus gens prudents et timorés dans leurs demandes de réformes, puis des satisfaits, enfin des jouisseurs et des goinfres de privilèges. La magicienne Circé, autrement dit la luxure de la fortune et du pouvoir, les a changés en pourceaux ! Et leur besogne est celle de fortifier les institutions qu'ils attaquaient autrefois : c'est ce qu'ils appellent volontiers « consolider les conquêtes de la liberté » ! Ils s'accommodent parfaitement de tout ce qui les indignait. Eux qui tonnaient contre l'Église et ses empiétements, se plaisent maintenant au Concordat et donnent du Monseigneur aux évêques. Ils parlaient avec faconde de la fraternité universelle, et c'est les outrager aujourd'hui que de répéter les paroles qu'ils prononçaient alors. Ils dénonçaient avec horreur l'impôt du sang, mais récemment ils enrégimentaient jusqu'aux moutards et se préparaient peut-être à faire des lycéennes autant de vivandières. « Insulter l'armée » - c'est-à-dire ne pas cacher les turpitudes de l'autoritarisme sans contrôle et de l'obéissance passive - est pour eux le plus grand des crimes. Manquer de respect envers l'immonde agent des mœurs, l'abject policier, le « provocateur » hideux, et la valetaille des légistes assis ou debout, c'est outrager la justice et la morale. Il n'est point d'institution vieillie qu'ils n'essaient de consolider ; grâce à eux l'Académie, si honnie jadis, a pris un regain de popularité : ils se pavanent sous la coupole de l'Institut, quand un des leurs, devenu mouchard, a fleuri de palmes vertes son habit à la française. La croix de la Légion d'honneur était leur risée ; ils en ont inventé de nouvelles, jaunes, vertes, bleues, multicolores. Ce que l'on appelle la République ouvre toutes grandes les portes de son bercail à ceux qui en abhorraient jusqu'au nom : hérauts du droit divin, chantres du Syliabus, pourquoi n'entreraient-ils pas ? Ne sont-ils pas chez eux au milieu de tous ces parvenus qui les entouraient chapeau bas ?

Élisée Reclus

Mais il ne s'agit point ici de critiquer et de juger ceux qui, par une lente corruption ou par de brusques soubresauts, ont passé du culte de la sainte République à celui du pouvoir et des abus consacrés par le temps. La carrière qu'ils ont suivie est précisément celle qu'ils devaient parcourir. Ils admettaient que la société doit être constituée en État ayant son chef et ses législateurs ; ils avaient la « noble » ambition de servir leur pays et de se « dévouer » à sa prospérité et à sa gloire. Ils acceptaient le principe, les conséquences s'en suivent : c'est le linceul des morts qui sert de lange aux enfants nouveau-nés. République et républicains sont devenus la triste chose que nous voyons ; et pourquoi nous en irriterions-nous ? C'est une loi de la nature que l'arbre porte son fruit ; que tout gouvernement fleurisse et fructifie en caprices, en tyrannie, en usure, en scélératesses, en meurtres et en malheurs.

Dès qu'une institution s'est fondée, ne fût-ce que pour combattre de criants abus, elle en crée de nouveaux par son existence même ; il faut qu'elle s'adapte au milieu mauvais, fonctionne en mode pathologique. Les initiateurs obéissant à un noble idéal, les employés qu'ils nomment doivent au contraire tenir compte avant toutes choses de leurs émoluments et de la durée de leurs emplois. Ils désirent peut-être la réussite de l'œuvre, mais ils la désirent lointaine ; à la fin, ils ne la désirent plus du tout, et pâlissent de frayeur quand on leur annonce le triomphe prochain. Il ne s'agit plus pour eux de la besogne même, mais des honneurs qu'elle confère, des bénéfices qu'elle rapporte, de la paresse qu'elle autorise. Ainsi, une commission d'ingénieurs est nommée pour entendre les plaintes des propriétaires que dépossède la construction d'un aqueduc. Il paraîtrait tout simple d'étudier d'abord ces plaintes et d'y répondre en parfaite équité ; mais, on trouve plus avantageux de suspendre ces réclamations pendant quelques années afin d'employer les fonds ordonnancés à refaire un nivellement général de la contrée, déjà fait et bien fait. À de coûteuses paperasses il importe d'ajouter d'autres paperasses coûteuses.

C'est chimère d'attendre que l'Anarchie, idéal humain, puisse sortir de la République, forme gouvernementale. Les deux évolutions se font en sens inverse, et le changement ne peut s'accomplir que par une rupture brusque, c'est-à-dire par une révolution. C'est par décret que les républicains font le bonheur du peuple, par la police qu'ils ont la prétention de se maintenir ! Le pouvoir n'étant autre chose que l'emploi de la force, leur premier soin sera donc de se l'approprier, de consolider même toutes les institutions qui leur facilitent le gouvernement de la société. Peut-être auront-ils l'audace de les renouveler par la science afin de leur donner une énergie nouvelle. C'est ainsi que dans l'armée on emploie des engins nouveaux, poudres sans fumée, canons tournants, affûts à ressort, toutes inventions ne servant qu'à tuer plus rapidement. C'est ainsi que dans la police on a inventé l'anthropométrie, un moyen de changer la France entière en une grande prison. On commence par mensurer les criminels vrais ou prétendus, puis on mensure les suspects, et quelque jour tous auront à subir les photographies infamantes. « La police et la science se sont entrebaisées », aurait dit le Psalmiste.

Ainsi, rien, rien de bon ne peut nous venir de la République et des républicains « arrivés », c'est-à-dire détenant le pouvoir. C'est une chimère en histoire, un contresens de l'espérer. La classe qui possède et qui gouverne est fatalement ennemie de tout progrès. Le véhicule de la pensée moderne, de l'évolution intellectuelle et morale est la partie de la société qui peine, qui travaille et que l'on opprime. C'est elle qui élabore il idée, elle qui la réalise, elle qui, de secousse en secousse, remet constamment en marche ce char social, que les conservateurs essaient sans cesse de caler sur la route, d'empêtrer dans les ornières ou d'enliser dans les marais de droite ou de gauche.

Mais les socialistes, dira-t-on, les amis évolutionnaires et révolutionnaires, sont-ils également exposés à trahir leur cause, et les verrons-nous un jour accomplir leur mouvement de régression normale, quand ceux d'entre eux qui veulent « conquérir les pouvoirs publics » les auront conquis en effet ? Certainement, les socialistes, devenus les maîtres, procéderont et procèdent de la même manière que leurs devanciers les républicains : les lois de l'histoire ne fléchiront point en leur faveur. Quand une fois ils auront la force, et même bien avant de la posséder, ils ne manqueront pas de s'en servir, ne fût-ce que dans l'illusion ou la prétention de rendre cette force inutile par un balayage de tous les obstacles, par la destruction de tous les éléments hostiles. Le monde est plein de ces ambitieux naïfs vivant dans le chimérique espoir de transformer la société par une merveilleuse aptitude au commandement ; puis, quand ils se trouvent promus au rang des chefs ou du moins emboîtés dans le grand mécanisme des hautes fonctions publiques, ils comprennent que leur volonté isolée n'a guère de prise sur le seul pouvoir réel, le mouvement intime de l'opinion, et que leurs efforts risquent de se perdre dans l'indifférence et le mauvais vouloir qui les entoure. Que leur reste-t-il alors à faire, sinon d'évoluer autour du pouvoir, de suivre la routine gouvernementale, d'enrichir leur famille et de donner des places aux amis ?

Sans doute, nous disent d'ardents socialistes autoritaires, sans doute le mirage du pouvoir et l'exercice de l'autorité peuvent avoir des dangers très grands pour les hommes simplement animés de bonnes intentions ; mais ce danger n'est pas à redouter pour ceux qui ont tracé leur plan de conduite par un programme rigoureusement débattu avec des camarades, lesquels sauraient les rappeler à l'ordre en cas de négligence et de trahison. Les programmes sont dûment élaborés, signés et contresignés ; on les publie en des milliers de documents ; ils sont affichés sur les portes des salles, et chaque candidat les sait par cœur. Ce sont des garanties suffisantes, semble-t-il. Et pourtant, le sens de ces paroles scrupuleusement débattues varie d'année en année suivant les événements et les perspectives : chacun le comprend conformément à ses intérêts ; et quand tout un parti en arrive à voir les choses autrement qu'il ne le faisait d'abord, les déclarations les plus nettes prennent une signification symbolique, finissent par se changer en simples documents d'histoire ou même en syllabes dont on ne cherche plus à comprendre le sens.

En effet ceux qui ont l'ambition de conquérir les pouvoirs publics doivent évidemment employer les moyens qu'ils croiront pouvoir les mener le plus sûrement au but. Dans les républiques à suffrage universel, ils courtiseront le nombre, la foule ; ils prendront volontiers les marchands de vin pour clients et se rendront populaires dans les estaminets. Ils accueilleront les votants d'où qu'ils viennent ; insoucieux de sacrifier le fond à la forme, ils feront entrer les ennemis dans la place, inoculeront le poison en plein organisme. Dans les pays à régime monarchique, nombre de socialistes se déclareront indifférents à la forme de gouvernement et même feront appel aux ministres du roi pour les aider à réaliser leurs plans de transformation sociale, comme si logiquement il était possible de concilier la domination d'un seul et l'entraide fraternelle entre les hommes. Mais l'impatience d'agir empêche de voir les obstacles et la foi s'imagine volontiers qu'elle transportera les montagnes. Lassalle rêve d'avoir Bismarck pour associé dans l'instauration du monde nouveau ; d'autres se tournent vers le pape en lui demandant de se mettre à la tête de la ligue des humbles ; et, quand le prétentieux empereur d'Allemagne eut réuni quelques philanthropes et sociologues à sa table, d'aucuns se dirent que le grand jour venait enfin de se lever.

Et si le prestige du pouvoir politique, représenté par le droit divin ou par le droit de la force, fascine encore certains socialistes, il en est de même, à plus forte raison, pour tous les autres pouvoirs que masque l'origine populaire du suffrage restreint ou universel. Pour capter les voix, c'est-à-dire pour gagner la faveur des citoyens, ce qui semble très légitime au premier abord, le socialiste candidat se laisse aller volontiers à flatter les goûts, les penchants, les préjugés même de ses électeurs ; il veut bien ignorer les dissentiments, les disputes et les rancunes ; il devient pour un temps l'ami ou du moins l'allié de ceux avec lesquels on échangea naguère les gros mots. Dans le clérical, il cherche à discerner le socialiste chrétien ; dans le bourgeois libéral, il évoque le réformateur ; dans le patriote, il fait appel au vaillant défenseur de la dignité civique. À certains moments, il se garde même d'effaroucher le « propriétaire » ou le « patron » ; il va jusqu'à lui présenter ses revendications comme des garanties de paix : le « premier mai », qui devait être emporté de haute lutte contre le Seigneur Capital, se transforme en un jour de fête avec guirlandes et farandoles. À ces politesses, de candidats à votants, les premiers désapprennent peu à peu le fier langage de la vérité, l'attitude intransigeante du combat : du dehors au dedans l'esprit même en arrive à changer, surtout chez ceux qui atteignent le but de leurs efforts et s'assoient enfin sur les banquettes de velours, en face de la tribune aux franges dorées. C'est alors qu'il faut savoir échanger des sourires, des poignées de main et des services.

La nature humaine le veut ainsi, et, de notre part, ce serait absurde d'en vouloir aux chefs socialistes qui, se trouvant pris dans l'engrenage des élections, finissent par être graduellement laminés en bourgeois à idées larges : ils se sont mis en des conditions déterminées qui les déterminent à leur tour ; la conséquence est fatale et l'historien doit se borner à la constater, à la signaler comme un danger aux révolutionnaires

Élisée Reclus

qui se jettent inconsidérément dans la mêlée politique. Du reste ! il ne convient pas de s'exagérer les résultats de cette évolution des socialistes politiciens, car la foule des lutteurs se compose toujours de deux éléments dont les intérêts respectifs diffèrent de plus en plus. Les uns abandonnent la cause primitive et les autres y restent fidèles : ce fait suffit pour amener un nouveau triage des individus, pour les grouper conformément à leurs affinités réelles. C'est ainsi que nous avons vu naguère le parti républicain se dédoubler, pour constituer, d'une part, la foule des « opportunistes », de l'autre, les groupes socialistes. Ceux-ci seront divisés également en ministériels et antiministériels, ici, pour édulcorer leur programme et le rendre acceptable aux conservateurs ; là, pour garder leur esprit de franche évolution et de révolution sincère. Après avoir eu leurs moments de découragement, de scepticisme même, ils laisseront « les morts ensevelir leurs morts » et reviendront prendre place à côté des vivants. Mais qu'ils sachent bien que tout « parti »comporte l'esprit de corps et par conséquent la solidarité dans le mal comme dans le bien : chaque membre de ce parti devient solidaire des fautes, des mensonges, des ambitions de tous ses camarades et maîtres. L'homme libre, qui de plein gré unit sa force à celle d'autres hommes agissant de par leur volonté propre, a seul le droit de désavouer les erreurs ou les méfaits de soi-disant compagnons. Il ne saurait être tenu pour responsable que de lui-même.

Chapitre VII

Les forces en lutte

Les forces en lutte - Prodigieux outillage de répression - Alliance du maître et du valet - Manque de logique dans le fonctionnement des États modernes - La « suprême raison » des rois, le « droit du plus fort ».

Le fonctionnement actuel de la société civilisée nous est connu dans tous ses détails ; de même l'idéal des socialistes révolutionnaires. Nous avons également constaté que les prétendues réformes des « libéraux » sont condamnées d'avance à rester inefficaces et que, dans le heurt des idées - la seule chose qui doive nous préoccuper, puisque la vie même en dépend - tout abandon de principes aboutit forcément à la défaite. Il nous reste maintenant à montrer l'importance respective des forces qui s'entrechoquent dans cette société si prodigieusement complexe ; il s'agirait, pour ainsi dire, de faire le dénombrement des armées en lutte et de décrire leur position stratégique, avec la froide impartialité d'attachés militaires cherchant à calculer mathématiquement les chances de l'une et de l'autre partie. Seulement ce grand choc des idées, dont l'issue nous préoccupe d'une façon si poignante, ne se déroulera pas suivant les mêmes péripéties qu'une de nos batailles rangées avec généraux, capitaines et soldats, avec commandement initial de « Feu » et le cri désespéré du « Sauve qui peut ! » final. C'est une lutte continue, incessante, qui commença dans la brousse, pour les hommes primitifs, il y a des millions d'années, et qui jusqu'à maintenant n'a comporté que des succès partiels : il y aura pourtant une solution définitive, soit par la destruction mutuelle de toutes les énergies vitales, le retour de l'humanité vers le chaos originaire, soit par l'accord de toutes ces forces - la transformation voulue et consciente de l'homme en un être supérieur.

La sociologie contemporaine a mis en toute lumière l'existence des deux sociétés en lutte : elles s'entremêlent, diversement rattachées çà et là par ceux qui veulent sans vouloir, qui s'avancent pour reculer. Mais si nous voyons les choses de haut, sans tenir compte des incertains et des indifférents que le destin fait mouvoir, il est clair que le monde actuel se divise en deux camps : ceux qui agissent de manière à maintenir l'inégalité et la pauvreté, c'est-à-dire l'obéissance et la misère pour les autres, les jouissances et le pouvoir pour eux-mêmes ; et ceux qui revendiquent pour tous le bien-être et la libre initiative.

Entre ces deux camps, il semble d'abord que les forces soient bien inégales : les conservateurs, se dit-on, sont incomparablement les plus forts. Les défenseurs de l'ordre social actuel ont les propriétés sans limites, les revenus qui se comptent par millions et par milliards, toute la puissance de l'État avec les armées des employés, des soldats, des gens de police, des magistrats, tout l'arsenal des lois et des ordonnances, les dogmes dits infaillibles de l'Église, l'inertie de l'habitude dans les instincts héréditaires et la basse routine qui associe presque toujours les vaincus rampants à leurs orgueilleux vainqueurs. Et les anarchistes, les artisans de la société nouvelle, que peuvent-ils opposer à toutes ces forces organisées ? Rien semble-t-il. Sans argent, sans armée, ils succomberaient, en effet, s'ils ne représentaient l'évolution des idées et des mœurs. Ils ne sont rien, mais ils ont pour eux le mouvement de l'initiative humaine. Tout le passé pèse sur eux d'un poids énorme, mais la logique des événements leur donne raison et les pousse en avant malgré les lois et les sbires.

Les efforts tentés pour endiguer la révolution peuvent aboutir en apparence et pour un temps. Les réactionnaires se félicitent alors à grands cris ; mais leur joie est vaine, car refoulé sur un point, le mouvement se produit aussitôt sur un autre. Après l'écrasement de la Commune de Paris, on put croire dans le monde officiel et courtisanesque d'Europe que le socialisme, l'élément révolutionnaire de la société, était mort, définitivement enterré. L'armée française, sous les yeux des Allemands vainqueurs, avait imaginé de se réhabiliter en égorgeant, en mitraillant les Parisiens, tous les mécontents et coutumiers de révolutions. En leur argot politique, les conservateurs purent se vanter d'avoir « saigné la gueuse ». M. Thiers, type incomparable du bourgeois parvenu, croyait l'avoir exterminée dans Paris, l'avoir enfouie dans les fosses du Père-Lachaise. C'est à la Nouvelle-Calédonie, aux antipodes, que se trouvaient, dûment enfermés, ceux qu'il espérait être les derniers échantillons malingres des socialistes d'autrefois. Après M. Thiers, ses bons amis d'Europe s'empressèrent de répéter ses paroles, et de toutes parts ce fut un chant de triomphe. Quant aux socialistes allemands, n'avait-on pas pour les surveiller le maître des maîtres, celui dont un froncement de sourcils faisait trembler l'Europe ? Et les nihilistes de Russie ? Qu'étaient ces misérables ? Des monstres bizarres, des sauvages issus de Huns et de Bachkirs, dans lesquels les hommes du monde policé d'Occident n'avaient à voir que des échantillons d'histoire naturelle.

Hélas ! on comprend sans peine qu'un sinistre silence se soit fait lorsque « l'ordre régnait à Varsovie » et ailleurs. Au lendemain d'une tuerie, il est peu d'hommes qui osent se présenter aux balles. Lorsqu'une parole, un geste sont punis de la prison, fort clairsemés sont les hommes qui ont le courage de s'exposer au danger. Ceux qui acceptent tranquillement le rôle de victimes pour une cause dont le triomphe est encore lointain ou même douteux sont rares : tout le monde da pas l'héroïsme de ces nihilistes russes qui composent des journaux dans l'antre même de leurs ennemis et qui les affichent sur les murs entre deux factionnaires. Il faut être bien dévoue soi-même pour avoir le droit d'en vouloir à ceux qui n'osent pas se déclarer libertaires quand leur travail, c'est-à-dire la vie de ceux qu'ils aiment, dépend de leur silence. Mais si tous les opprimés n'ont pas le tempérament du héros, ils n'en sentent pas moins la souffrance, ils n'en ont pas moins le vouloir d'y échapper, et l'état d'esprit de tous ceux qui souffrent comme eux et qui en connaissent la cause finit par créer une force révolutionnaire. Dans telle ville où il n'existe pas un seul groupe d'anarchistes déclarés, tous les ouvriers le sont déjà d'une manière plus ou moins consciente. D'instinct ils applaudissent le camarade qui leur parle d'un état social où il n'y aura plus de maîtres et où le produit du travail sera dans les mains du producteur. Cet instinct contient en germe la révolution future, car de jour en jour il se précise et se transforme en connaissance. Ce que l'ouvrier sentait vaguement hier, il le sait aujourd'hui, et chaque nouvelle *expérience le lui fait mieux savoir*. Et *les* paysans qui ne trouvent pas à se nourrir du produit de leur lopin de terre, et ceux, bien plus nombreux encore, qui n'ont pas en propre une motte d'argile, ne commencent-ils pas à comprendre que la terre doit appartenir à celui qui la cultive ? Ils l'ont toujours senti d'instinct ; ils le savent maintenant et parleront bientôt le langage précis de la revendication.

La joie causée par la prétendue disparition du socialisme n'a donc guère duré. De mauvais rêves troublaient les bourreaux, il leur semblait que les victimes n'étaient pas tout à fait mortes. Et maintenant existe-t-il encore un aveugle qui puisse douter de leur résurrection ? Tous les laquais de plume qui répétaient après Gambetta : « Il n'y a pas de question sociale ! » ne sont-ils pas les mêmes qui saisirent au vol les paroles de l'empereur Guillaume, pour crier après lui : « La question sociale nous envahit ! La question sociale nous assiège ! » et pour demander contre tous les « fauteurs de désordre » une législation spéciale, une impitoyable répression. Mais tant dure qu'on puisse l'édicter, la loi ne parviendra pas à comprimer la pensée qui fermente. Si quelque Encelade réussissait à jeter un fragment de montagne dans un cratère, l'éruption ne se ferait point par le gouffre obstrué soudain, la montagne se fendrait ailleurs, et c'est par la nouvelle ouverture que s'élancerait le fleuve de lave. C'est ainsi qu'après l'explosion de la Révolution française, Napoléon crut être le Titan qui refermait le cratère des révolutions ; et la tourbe des flatteurs, la multitude infinie des ignorants le crut avec lui. Cependant, les soldats mêmes qu'il promenait à sa suite a travers l'Europe contribuaient à répandre des idées et des mœurs nouvelles, tout en accomplissant leur oeuvre de destruction : tel futur « décabriste » ou « nihiliste »russe prit sa première leçon de révolte d'un prisonnier de guerre sauvé des glaçons de la Berezina. De même, la conquête temporaire de l'Espagne par les armées napoléoniennes brisa les chaînes qui rattachaient le Nouveau Monde au pays de l'Inquisition et délivra de l'intolérable régime colonial les immenses provinces ultramarines. L'Europe semblait s'arrêter, mais par contrecoup l'Amérique se mettait en marche. Napoléon n'avait été qu'une ombre passagère.

La forme extérieure de la société doit changer en proportion de la poussée intérieure : nul fait d'histoire n'est mieux constaté. C'est la sève qui fait l'arbre et qui lui donne ses feuilles et ses fleurs ; c'est le sang qui fait l'homme ; ce sont les idées qui font la société. Or, il n'est pas un conservateur qui ne se lamente de ce que les idées, les moeurs, tout ce qui fait la vie profonde de l'Humanité, se soit modifié depuis le « bon vieux temps ». Les formes sociales correspondantes changeront certainement aussi. La Révolution se rapproche en raison même du travail intérieur des intelligences.

Toutefois, il ne convient pas de se laisser aller à une douce quiétude en attendant les événements favorables. Ici le fatalisme oriental n'est point de mise, car nos adversaires ne se reposent point ; et d'ailleurs ils sont fréquemment portés par un courant régressif Quelques-uns d'entre eux sont des hommes d'une énergie réelle qui ne reculent devant aucun moyen et possèdent la vigueur d'esprit nécessaire pour diriger l'attaque et ne pas se décourager dans les difficultés et la défaite : « La Société mourante ! » disait sardoniquement un usinier à l'occasion d'un livre anarchique écrit par notre camarade Grave, « La Société mourante ! Elle vit encore assez pour vous dévorer tous ! » Et lorsque des républicains et libres penseurs parlaient de l'expulsion des jésuites, qui sont toujours les inspirateurs de l'Église catholique : « Vraiment, s'écria l'un de ces prêtres, notre siècle est étrangement délicat. S'imaginent-ils donc que la cendre des bûchers soit tellement éteinte qu'il n'en soit pas resté le plus petit tison pour allumer une torche ? Les insensés ! en nous appelant jésuites, ils croient nous couvrir d'opprobre ; mais ces jésuites leur réservent la censure, un bâillon et du feu ! »

Si tous les ennemis de la pensée libre, de l'initiative personnelle, avaient cette logique vigoureuse, cette énergie dans la résolution, ils l'emporteraient peut-être, grâce à tous les moyens de répression et de compression que possède la société officielle ; mais le groupes humains, engagés dans leur évolution de perpétuel « devenir », ne sont pas logiques et ne sauraient l'être, puisque les hommes diffèrent tous par leurs intérêts et leurs affections : quel est celui qui n'a pas un pied dans le camp ennemi ? « On est toujours le socialiste de quelqu'un », dit un proverbe politique d'une absolue vérité. Il n'est pas une institution qui soit franchement, nettement autoritaire ; pas un maître qui, suivant le conseil de Joseph de Maistre, ait toujours la main sur l'épaule du bourreau. En dépit des proclamations de tel ou tel empereur à ses soldats, de citations vantardes en des albums de princesses, d'affirmations hautaines expectorées après boire, le pouvoir n'ose plus être absolu ou ne l'est plus que par caprice, contre des prisonniers par exemple, contre d'infortunés captifs, contre des gens sans amis. Chaque souverain a sa camarilla, sans compter ses ministres, ses délégués, ses conseillers d'État, tous autant de vice-rois ; puis il est tenu, lié par des précédents, des considérants, des protocoles, des conventions, des situations acquises, une *étiquette, qui est toute* une science aux problèmes infinis : le Louis XIV le plus insolent se trouve pris dans les mille filets d'un réseau dont il ne se débarrassera jamais. Toutes ces conventions dans lesquelles le maître s'est fastueusement enserré lui donnent un avant-goût de la tombe et diminuent d'autant sa force pour la réaction.

Ceux qui sont marqués pour la mort n'attendent pas qu'on les tue : ils se suicident ; soit qu'ils se fassent sauter la cervelle ou se mettent la corde au cou, soit qu'ils se laissent envahir par la mélancolie, le marasme, le pessimisme, toutes maladies mentales qui pronostiquent la fin et en avancent la venue. Chez le jeune privilégié, fils d'une race épuisée, le pessimisme n'est pas seulement une façon de parler, une attitude, c'est une maladie réelle. Avant d'avoir *vécu*, le pauvre enfant ne trouve aucune saveur à l'existence, il se laisse vivre en rechignant, et cette vie endurée de mauvais gré est comme une mort anticipée. En ce triste état, on est déjà condamné à toutes les maladies de il esprit, folie, sénilité, démence ou « décadentisme ». On se plaint de la diminution des enfants dans les familles ; et d'où vient la stérilité croissante, volontaire ou non, si ce n'est d'un amoindrissement de la force virile ou de la joie de vivre ? Mais dans le monde qui travaille, où l'on a pourtant bien des causes de tristesse, on n'a pas le temps de se livrer aux langueurs du pessimisme. Il faut vivre, il faut aller de l'avant, progresser quand même, renouveler les forces vives pour la besogne journalière. C'est par l'accroissement de ces familles laborieuses que la société se maintient, et de leur milieu surgissent incessamment des hommes qui reprennent l'œuvre des devanciers et, par leur initiative hardie, l'empêchent de tomber dans la routine. C'est à la constante régression partielle des classes satisfaites et repues que la société nouvelle en formation doit de ne pas être étouffée.

Une autre garantie de progrès dans la pensée révolutionnaire nous est fournie par l'intolérance du pouvoir où s'entre-heurtent les survivances du passé. Le jargon officiel de nos sociétés politiques, ou tout s'entremêle sans ordre, est tellement illogique et contradictoire, que, dans une même phrase, il parle des « imprescriptibles libertés publiques » et des « droits sacrés d'un État fort » ; de même, le fonctionnement légal de l'organisme administratif comporte l'existence de maires ou syndics agissant à la fois en mandataires d'un peuple libre auprès du gouvernement et en transmetteurs d'ordres aux communes assujetties. Il n'y a ni unité, ni bon sens dans l'immense chaos où s'entrecroisent les conceptions, les lois, les mœurs de cent peuples et de dix mille années, comme au bord de la mer des cailloux écroulés de tant de montagnes, apportés par tant de fleuves, roulés par tant de vagues. Au point de vue logique, l'État actuel présente l'image d'une telle confusion que ses défenseurs les plus intéressés renoncent à le justifier.

La fonction présente de l'État consistant en premier lieu à défendre les intérêts des propriétaires, les « droits du capital », il serait indispensable pour l'économiste d'avoir à sa disposition quelques arguments vainqueurs, quelques merveilleux mensonges que le pauvre, très désireux de croire à la fortune publique, pût accepter comme indiscutables. Mais, hélas ! ces belles théories, autrefois imaginées à l'usage du peuple imbécile dont plus aucun crédit : il y aurait pudeur à discuter la vieille assertion que « prospérité et propriété sont toujours la récompense du travail ». En prétendant que le labeur est l'origine de la fortune, les économistes ont parfaitement conscience qu'ils ne disent Pas la vérité. À l'égal des anarchistes, ils savent que la richesse est le produit, non du travail personnel, mais du travail des autres ; ils n'ignorent pas que les coups de bourse et les spéculations, origine des grandes fortunes, peuvent être justement assimilés aux exploits des brigands ; et certes, ils n'oseraient prétendre que l'individu ayant un million à dépenser par semaine, c'est-à-dire exactement la somme nécessaire à faire vivre cent mille personnes, se distingue des autres hommes par une intelligence et une vertu cent mille fois supérieures à celles de la moyenne. Ce serait être dupe, presque complice, de s'attarder à discuter les arguments hypocrites sur lesquels s'appuie cette prétendue origine de l'inégalité sociale.

Mais voici qu'on emploie un raisonnement d'une autre nature et qui a du moins le mérite de ne pas reposer sur un mensonge. On invoque contre les revendications sociales le droit du plus fort, et même le nom respecté de Darwin a servi, bien contre son gré, à plaider la cause de l'injustice et de la violence. La puissance des muscles et des mâchoires, de la trique et de la massue, voilà l'argument suprême ! En effet, c'est bien le droit du plus fort qui triomphe avec l'accaparement des fortunes. Celui qui est le plus apte matériellement, le plus favorisé par sa naissance, par son instruction, par ses amis, celui qui est le mieux armé par la force ou par la ruse et qui trouve devant lui les ennemis les plus faibles, celui-là a le plus de chances de réussir ; mieux que d'autres, il peut se bâtir une citadelle du haut de laquelle il tirera sur ses frères infortunés.

Ainsi en a décidé le grossier combat des égoïsmes en lutte. Jadis on n'osait trop avouer cette théorie du fer et du feu, elle eût paru trop violente et on lui préférait les paroles d'hypocrite vertu. On l'enveloppait sous de graves formules dont on espérait que le peuple ne comprendrait pas le sens : « Le travail est un frein » disait Guizot. Mais les recherches des naturalistes relatives au combat pour l'existence entre les espèces et à la survivance des plus vigoureuses ont encouragé les théoriciens de la force à proclamer sans ambages leur insolent défi. « Voyez, disent-ils, c'est la loi fatale ; c'est l'immuable destinée à laquelle mangeurs et mangés sont également soumis. »

Nous devons nous féliciter de ce que la question soit ainsi simplifiée dans sa brutalité, car elle est d'autant plus près de se résoudre. « La force règne ! » disent les soutiens de l'inégalité sociale. Oui, c'est la force qui règne ! s'écrient de plus en plus fort ceux qui profitent de l'industrie moderne dans son perfectionnement impitoyable, dont le résultat cherché est de réduire avant tout le nombre des travailleurs. Mais ce que disent les économistes, ce que disent les industriels, les révolutionnaires ne pourront-ils le dire aussi, tout en comprenant qu'entre eux l'accord pour l'existence remplacera graduellement la lutte ? La loi du plus fort ne fonctionnera pas toujours au profit du monopole industriel. « La force prime le droit », a dit Bismarck après tant d'autres ; mais on peut préparer le jour où la force sera au service du droit. S'il est vrai que les idées de solidarité se répandent ; s'il est vrai que les conquêtes de la science finissent par pénétrer dans les couches profondes ; s'il est vrai que l'avoir moral devient propriété commune, les travailleurs, qui ont en même temps le droit et la force, ne s'en serviront-ils pas pour faire la révolution au profit de tous ? Contre les masses associées, que pourront les individus isolés, si forts qu'ils soient par l'argent, l'intelligence et l'astuce ? Les gens de gouvernement, désespérant de pouvoir donner une morale à leur cause, ne demandent plus que la poigne, seule supériorité qu'ils désirent avoir. Il ne serait pas difficile de citer des exemples de ministres qui n'ont été choisis ni pour leur gloire militaire ou leur noble généalogie, ni pour leurs talents ou leur éloquence, mais uniquement pour leur manque de scrupules. À cet égard on a pleine confiance en eux : nul préjugé ne les arrête pour la conquête du pouvoir ou la défense des écus.

En aucune des révolutions modernes nous n'avons vu les privilégiés livrer leurs propres batailles. Toujours ils s'appuient sur des armées de pauvres auxquels ils enseignent ce qu'on appelle « la religion du drapeau » et qu'ils dressent à ce qu'on appelle « le maintien de l'ordre ». Six millions d'hommes, sans compter la police haute et basse, sont employés à cette oeuvre en Europe. Mais ces armées peuvent se désorganiser, elles peuvent se rappeler les liens d'origine et d'avenir qui les rattachent à la masse populaire ; la main qui les dirige peut manquer de vigueur. Composées en grande partie de prolétaires, elles peuvent devenir, elles deviendront certainement pour la société bourgeoise ce que les barbares à la solde de l'empire sont devenus pour la société romaine, un élément de dissolution. L'histoire abonde en exemples d'affolements paniques auxquels succombent les puissants, même ceux qui ont gardé la force de caractère, car il est aussi nombre de « dirigeants » qui sont en même temps de simples dégénérés, n'ayant pas assez d'énergie et de force physique pour s'ouvrir, même à cent, un passage à travers une cloison de planches ni assez de dignité pour laisser des enfants et des femmes fuir avant eux la poursuite d'un incendie. Quand les déshérités se seront unis pour leurs intérêts, de métier à métier, de nation à nation, de race à race, ou spontanément, d'homme à homme ; quand ils connaîtront bien leur but, n'en doutez pas, l'occasion se présentera certainement pour eux d'employer la force au service de la liberté commune. Quelque puissant que soit le maître d'alors, il sera bien faible en face de tous ceux qui, réunis par un seul vouloir, se lèveront contre lui pour être assurés désormais de leur pain et de leur liberté.

Élisée Reclus

Chapitre VIII

Puissance de la fascination
religieuse

Puissance de la fascination religieuse – Progrès apparents de l'Église, devenue le refuge de tous les réacteurs, impossibilité pour elle de s'accommoder à un milieu nouveau - Enseignement confié aux ennemis de la science - Enseignement de la nature et de la société - La science vécue et la science officielle - Appréciation vraie des choses ; diminution du respect.

Outre la force matérielle, la pure violence éhontée qui se manifeste par l'exclusion du travail, la prison, les mitraillades, une autre force plus subtile et peut-être plus puissante, celle de la fascination religieuse, se trouve à la disposition des gouvernants.

Certes, on ne saurait contester que cette force est encore très grande et qu'il faut en tenir le compte le plus sérieux dans l'étude de la société contemporaine.

C'est donc avec un enthousiasme trop juvénile que les encyclopédistes du XVIIIe siècle célébraient la victoire de la raison sur la superstition chrétienne, et nous devons constater la grossière méprise de Cousin, le philosophe fameux qui, sous la Restauration, s'écriait dans un cercle d'amis discrets : « Le catholicisme en a encore pour cinquante ans dans le ventre ! » Le demi-siècle est largement écoulé, et c'est encore en tout orgueil et en toute sérénité que nombre de catholiques parlent de leur Église en la qualifiant « d'éternelle ». Montesquieu disait qu'« en l'état actuel on ne prévoit pas que le catholicisme puisse durer plus de cinq cents ans ».

Mais si l'Église catholique a pu faire des progrès apparents, si la France des encyclopédistes et des révolutionnaires s'est laissé « vouer au Sacré-Coeur » par une assemblée d'affolés, si les pontifes du culte ont très habilement profité de l'apeurement général des conservateurs politiques pour leur vanter la panacée de la foi comme le grand remède social ; si la bourgeoisie européenne, naguère composée de sceptiques frondeurs, de voltairiens n'ayant d'autre religion qu'un vague déisme, a cru prudent d'aller régulièrement à la messe et de pousser même jusqu'au confessionnal ; si le Quirinal et le Vatican, l'État et l'Église mettent tant de bonne grâce à régler les anciennes disputes, ce n'est pas que la croyance au miracle ait pris un plus grand empire sur les âmes dans la partie active et vivante de la société. Elle n'a gagné que des peureux, des fatigués de la vie, et l'hypocrite adhésion de complices intéressés. Cependant il faut bien reconnaître que le christianisme des bourgeois n'est pas simulation pure : lorsqu'une classe est pénétrée du sentiment de sa disparition inévitable et prochaine, lorsqu'elle sent déjà les affres de la mort, elle se rejette brusquement vers une divinité salvatrice, vers un fétiche, un vocable, un mot béni, vers le premier sorcier venu, prêchant le salut et la rédemption. Ainsi les Romains se christianisèrent, ainsi les Voltairiens se catholicisent.

En effet, ceux qui veulent à tout prix maintenir la société privilégiée doivent se rattacher au dogme qui en est la clef de voûte : si les contre-maîtres et les gardes champêtres ou forestiers, les soldats et les gens de police, les fonctionnaires et les souverains n'inspirent pas au populaire une terreur suffisante, ne faut-il pas faire appel à Dieu, celui qui naguère disposait des tortures éternelles de l'Enfer, des épreuves mitigées du Purgatoire ? On invoque ses commandements et tout l'appareil de la religion qui se réclame de son autorité. On feint d'obéir au pape infailli-ble, le vicaire de Dieu lui-même, le successeur de l'apôtre qui tient les clefs du Paradis. Tous les réactionnaires se liguent dans cette union reli-gieuse, qui leur offre la dernière chance de salut, la ressource suprême de victoire ; et dans cette ligue, les protestants et les Juifs ne sont pas les moins catholiques, les enfants les moins chéris du souverain Pontife.

Mais « tout se paie ». L'Église ouvre ses portes toutes grandes pour accueillir hérétiques et schismatiques : par suite, elle devient forcément indifférente et veule. Elle ne peut s'accommoder à ce milieu si complexe et si changeant de la société moderne qu'à la condition de ne plus rien garder de son ancienne intransigeance. Le dogme est censé immuable, mais on s'arrange de manière à n'avoir plus à en parler, à laisser ignorer au néophyte jusqu'au symbole de Nicée. On ne demande plus même un semblant de foi : « Inutile de croire, pratiquez ! » Des génuflexions, des signes de croix au moment voulu, des offrandes sur l'autel d'un

« sacré coeur » quelconque, de « Jésus » ou de « Marie », cela suffit. Ainsi que dit Flaubert dans une lettre à George Sand, « il faut être Pour le catholicisme sans en croire un mot ». Chacun est assuré d'un bon accueil pourvu qu'il apporte, à défaut d'une conviction, au moins une signature, une présence, pour accroître d'une personne le chiffre des prétendus fidèles ; très largement reçus sont ceux qui ajoutent à leur nom une influence de famille, de naissance, de passé, de caractère ou de fortune. L'Église va même jusqu'à disputer aux parents et aux amis les cadavres d'hommes qui vécurent toujours en dehors de la religion, comme ennemis de la doctrine. Le tribunal de l'Inquisition eût maudit et brûlé ces chairs d'hérétiques ; maintenant les prêtres, confesseurs de la foi, veulent à tout prix les bénir.

On ne saurait donc apprécier à sa véritable valeur l'évolution contemporaine de l'Église en se bornant à constater quels en sont les progrès extérieurs, de combien d'édifices s'est accru le nombre des temples et d'individus le troupeau des fidèles. Le catholicisme serait certainement en plein épanouissement de floraison nouvelle si tous ceux qui en prennent le mot d'ordre et la livrée étaient sincères, s'il n'y avait pas intérêt de leur part à feindre la vieille croyance des aïeux. Mais actuellement, c'est par millions qu'il faut compter les hommes qui ont tout bénéfice à se dire chrétiens et qui le sont par hypocrisie pure : quoi qu'en disent les feuilles de sacristie, les persécutions dont les gens d'église ont à souffrir sont de celles que l'on ne prend pas au sérieux, et le « prisonnier du Vatican » ne fait verser des larmes de pitié qu'à des pleureurs intéressés. Combien est autrement poignante la situation d'ouvriers grévistes que l'on expulse de leur pauvre logis ou que l'on fusille en tas, et celle des anarchistes que l'on torture dans les cachots ! Les convictions ne méritent le respect qu'en raison de l'esprit de dévouement qu'elles inspirent. Or tous ces jouisseurs et hommes du monde qui rentrent avec ostentation dans le giron de l'Église sont-ils par cela même devenus pitoyables au malheureux, doux à celui qui souffre ? Il est permis d'en douter.

Les signes des temps nous prouvent au contraire qu'à l'extension matérielle de l'Église correspond un amoindrissement réel de la foi. Le catholicisme West plus cette bonne religion de résignation et d'humilité qui permettait au pauvre d'accepter dévotement la misère, l'injustice, l'inégalité sociale. Les ouvriers mêmes qui se constituent en sociétés

Chapitre VIII

dites « chrétiennes » et qui par conséquent devraient toujours louer le Seigneur pour son infinie bonté, attendant pieusement que le corbeau d'Élie leur apporte du pain et de la viande soir et matin, ces ouvriers vont jusqu'à se faire socialistes, à rédiger des statuts, à réclamer des augmentations de salaires, à prendre des non-chrétiens pour alliés dans leurs revendications. La confiance en Dieu et en ses saints ne leur suffit plus : il leur faut aussi des garanties matérielles, et ils les cherchent, non dans la dépendance absolue, dans l'obéissance parfaite, si souvent recommandée aux enfants de Dieu, mais dans la ligue avec les camarades, dans la fondation de sociétés d'intérêt mutuel, peut-être même dans la résistance active. À des situations nouvelles la religion chrétienne n'a pas su opposer des moyens nouveaux : ne sachant pas s'accommoder à un milieu que ses docteurs n'avaient pas prévu, elle s'en tient toujours à ses vieilles formules de charité, d'humilité, de pauvreté, et fatalement elle doit perdre tous les éléments jeunes, virils, intelligents, et ne garder que les appauvris de cœur et d'esprit, et - dans le sens le moins noble - ces « bienheureux » auxquels le *Sermon sur la Montagne* promet le royaume des cieux. Tandis que les hypocrites entrent dans l'Église, les sincères en sortent : c'est par centaines que les prêtres consciencieux quittent la bande des trafiquants de salut, et la foule, naguère hostile aux défroqués, comprend aujourd'hui leur conduite et les accompagne de son respect. Le catholicisme est virtuellement condamné depuis le jour où, perdant tout génie créateur dans l'art, il est resté incapable de manifester d'autre talent que celui de l'imitation néo-grecque, néo-romane, néo-gothique, néo-renaissance. C'est une religion des morts et non plus une religion des vivants.

Une preuve incontestable de l'impuissance réelle des églises, c'est qu'elles ne possèdent plus la force d'arrêter le mouvement scientifique d'en haut ni l'instruction d'en bas : elles ne peuvent que retarder, non supprimer la marche du savoir ; d'aucunes feignent, essaient même de la seconder et repoussent loin d'elles le professeur grincheux qui clame dans ses cours la « faillite de la science ». N'ayant pu empêcher l'ouverture des écoles, elles voudraient au moins les accaparer toutes, en prendre la direction, avoir l'initiative de la discipline qu'on appelle instruction publique, et en mainte contrée elles réussissent à souhait. C'est par millions et dizaines de millions que l'on compte les enfants confiés à la sollicitude intellectuelle et morale des prêtres, moines et religieuses de diverses dénominations : l'enseignement de la jeunesse européenne est laissé, pour la plus forte moitié, à la libre disposition des autorités religieuses ; et là même où celles-ci sont écartées par les autorités civiles, on leur a donné soit un droit de surveillance, soit des gages de neutralité ou même de complicité.

L'évolution de la pensée humaine, qui s'accomplit plus ou moins rapidement suivant les individus, les classes et les nations, a donc amené cette situation fausse et contradictoire, attribuant la fonction d'enseigner précisément à ceux qui par principe doivent professer le mépris, l'abstention de la science, s'en tenir à la première interdiction formulée par leur dieu : « Tu ne toucheras point au fruit de l'arbre du savoir. » La prodigieuse ironie des choses en fait maintenant les distributeurs officiels de ces fruits vénéneux. Certes, nous pouvons les croire quand ils se vantent de distribuer ces « pommes » du péché avec prudence et parcimonie et de fournir en même temps le contrepoison. Pour eux il y a science et science, celle que l'on enseigne avec toutes les précautions voulues, et celle que l'on doit soigneusement taire. Tel fait que l'on considère comme moral peut entrer dans la mémoire des enfants, tel autre est passé sous silence comme de nature à réveiller chez les élèves un esprit de révolte et d'indiscipline. Comprise de cette manière, l'histoire n'est qu'un récit mensonger ; les sciences naturelles consistent en un ensemble de faits sans cohésion, sans cause, sans but ; en chaque série d'études les mots cachent les choses, et dans l'enseignement dit supérieur, où l'on est censé aborder les grands problèmes, on le fait toujours par des voies indirectes en entassant les anecdotes, les dates et noms propres, les hypothèses, les arguments cornus des systèmes contradictoires, en sorte que l'intelligence déroutée, livrée à la confusion, revienne de fatigue aux vagissements de l'enfance et aux pratiques sans but.

Et pourtant, si faux et absurde que soit cet enseignement, on se dit que peut-être, pris dans son ensemble, il est plus utile que funeste. Tout dépend des proportions de la mixture et du vase intellectuel, de la personnalité enfantine qui la reçoit. Les seules écoles conformes au vrai programme de contre-révolution sont celles dont les directrices, « saintes sœurs », ne savent même pas lire, où les enfants n'apprennent que le signe de la croix et des orémus. La poussée du dehors a pénétré dans toutes les écoles, même dans celles où l'éducation, catholique, protestante, bouddhique ou musulmane, est censée ne consister qu'en de simples formules, en phrases mystiques, en extraits de livres incompris. Parfois une lueur soudaine s'échappe de tout ce fatras, une conséquence logique apparaît devant l'intelligence d'un enfant dont l'esprit s'est ouvert, une lointaine allusion prend un caractère de révélation ; un geste irréfléchi, un adjectif aventuré peuvent accomplir le mal que l'on voulait éviter, la parole de vie a jailli de ce flot de redites, et voici tout à coup que l'esprit logique de l'enfant saute à des conclusions redoutées. Les chances d'émancipation intellectuelle sont bien plus grandes encore dans celles des écoles, congréganistes ou autres, dont les professeurs, tout en observant la routine obligatoire des leçons et des explications réticentes, sont néanmoins forcés d'exposer des faits, de montrer des rapports, de signaler des lois. Quels que soient les commentaires dont un instituteur accompagne son enseignement, les nombres qu'il écrit sur le tableau n'en restent pas moins incorruptibles. Quelle vérité prévaudra ? Celle d'après laquelle deux et deux font toujours quatre, et rien ne se crée de rien, ou bien l'ancienne « vérité » qui nous montre toutes choses issues du néant et nous affirme l'identité d'un seul Dieu en trois personnes divines ?

Toutefois, si l'instruction ne se donnait que dans l'école, les gouvernements et les églises pourraient espérer encore de maintenir les esprits dans la servitude, mais c'est en dehors de l'école que l'on s'instruit le plus, dans la rue, dans l'atelier, devant les baraques de foire, au théâtre, dans les wagons de chemins de fer, sur les bateaux à vapeur, devant les paysages nouveaux, dans les villes étrangères. Tout le monde voyage maintenant, soit pour son plaisir, soit pour ses intérêts. Pas une réunion dans laquelle ne se rencontrent des gens ayant vu la Russie, l'Australie, l'Amérique, et si les circumnavigateurs de la terre sont encore l'exception, il n'est pour ainsi dire aucun homme qui n'ait assez voyagé pour voir au moins les contrastes du champ à la cité, des cultures au désert, de la montagne à la plaine, de la terre ferme à la mer. Parmi ceux qui se déplacent il en est beaucoup certainement qui voyagent sans méthode et comme en aveugles ; en changeant de pays, ils ne changent pas de milieu et sont restés chez eux pour ainsi dire ; le luxe, les jouissances des hôtels ne leur permettent pas d'apprécier les différences essentielles de terre à terre, de peuple à peuple ; le pauvre qui se heurte aux difficultés

Élisée Reclus

de la vie, est encore celui qui, sans cicérone, peut le mieux observer et retenir. Et la grande école du monde extérieur ne montre-t-elle pas les prodiges de l'industrie humaine également aux pauvres et aux riches, à ceux qui ont produit ces merveilles par leur travail et à ceux qui en profitent ? Chemins de fer, télégraphes, béliers hydrauliques, perforateurs, jets de lumière s'élançant du sol, le déshérité, s'il a pu se rendre compte du comment et du pourquoi, voit ces choses aussi bien que le puissant et son esprit n'en est pas moins frappé. Pour la jouissance de quelques-unes de ces conquêtes de la science, le privilège a disparu. Menant sa locomotive à travers l'espace, doublant sa vitesse et en arrêtant l'allure à son gré, le mécanicien se croit-il l'inférieur du souverain qui roule derrière lui dans un wagon doré, mais qui n'en tremble pas moins, sachant que sa vie dépend d'un jet de vapeur, d'un mouvement de levier ou d'un pétard de dynamite !

La vue de la nature et des oeuvres humaines, la pratique de la vie, voilà donc les collèges où se fait la véritable éducation des sociétés contemporaines. Quoique les écoles proprement dites aient, elles aussi accompli leur évolution dans le sens de l'enseignement vrai, elles ont une importance relative bien inférieure à celle de la vie sociale ambiante. Certes, l'idéal des anarchistes n'est point de supprimer l'école, mais de l'agrandir au contraire, de faire de la société même un immense organisme d'enseignement mutuel, où tous seraient à la fois élèves et professeurs, où chaque enfant, après avoir reçu des « clartés de tout » dans les premières études, apprendrait à se développer intégralement, en proportion de ses forces intellectuelles, dans l'existence par lui librement choisie. Mais avec ou sans écoles, toute grande conquête de la science finit par entrer dans le domaine public. Les savants de profession ont à faire pendant de longs siècles le travail de recherches et d'hypothèses, ils ont à se débattre au milieu des erreurs et des faussetés ; mais quand la vérité est enfin connue, souvent malgré eux et grâce à quelques audacieux conspués, elle se révèle dans tout son éclat, simple et claire. Tous la comprennent sans effort ; il semble qu'on l'ait toujours connue. jadis les savants s'imaginaient que le ciel était une coupole ronde, un toit de métal - que sais-je ? - une série de voûtes, trois, sept, neuf, treize même, ayant chacune leurs processions d'astres, leurs lois différentes, leur régime particulier et leurs troupes d'anges et d'archanges pour les garder. Mais depuis que tous ces cieux superposés dont parlent la Bible

Chapitre VIII

et le Talmud ont été démolis, il n'est pas un enfant qui ne sache que l'espace est libre, infini autour de la Terre. C'est à peine s'il l'apprend. C'est là une vérité qui fait désormais partie de l'héritage universel. Il en est de même pour toutes les grandes acquisitions scientifiques. Elles ne s'étudient pas, pour ainsi dire, elles se savent ; elles entrent dans l'air que l'on respire.

Quelle que soit l'origine de l'instruction, tous en profitent, et le travailleur n'est pas celui qui en prend la moindre part. Qu'une découverte soit faite par un bourgeois, un noble ou un roturier, que le savant soit le potier Palissy ou le chancelier Bacon, le monde entier utilisera ses recherches. Certainement des privilégiés voudraient bien garder pour eux le bénéfice de la science et laisser l'ignorance au peuple : chaque jour des industriels s'approprient tel ou tel procédé chimique et, par brevet ou lettres patentes, s'arrogent le droit de fabriquer seuls telle ou telle chose utile à l'humanité : on a pu voir le médecin Koch obligé par son maître Guillaume de revendiquer la guérison des sujets de l'Empire comme un monopole d'État ; mais trop de chercheurs sont à l'œuvre pour que les désirs égoïstes puissent s'accomplir. Ces exploiteurs de science se trouvent dans la situation de ce magicien des *Mille et une nuits* qui descella le vase où depuis dix mille ans dormait un génie enfermé. Ils voudraient le faire rentrer dans son réduit, le clore sous triple sceau, mais ils ont perdu le mot de la conjuration, et le génie est libre à jamais.

Et par un étrange contraste des choses, il se trouve que, pour toutes les questions sociales où les ouvriers ont un intérêt direct et naturel à revendiquer l'égalité des hommes, la justice pour tous, il leur est plus facile qu'au savant de profession d'arriver à la connaissance de la vérité, qui est la science réelle. Il fut un temps où la grande majorité des hommes naissaient, vivaient esclaves, et n'avaient d'autre idéal qu'un changement de servitude. jamais il ne leur venait à la pensée qu'« un homme vaut un homme ». Ils l'ont appris maintenant et comprennent que cette égalité virtuelle donnée par l'évolution doit se changer désormais en égalité réelle, grâce à la révolution, ou plutôt aux révolutions incessantes. Les travailleurs, instruits par la vie, sont bien autrement experts que les économistes de profession sur les lois de l'économie politique. Ils ne se donnent point souci d'inutiles détails et vont droit au cœur des questions, se demandant pour chaque réforme si, oui ou non, elle

assurera le pain. Les diverses formes d'impôt, progressive ou propor-
tionnelle, les laissent froids, car ils savent que tous les impôts sont, en
fin de compte, payés par les plus pauvres. Ils savent que pour la grande
majorité d'entre eux fonctionne une « loi d'airain », qui, sans avoir le
caractère fatal, inéluctable qu'on lui attribuait autrefois, n'en présente
pas moins pour des millions d'hommes une terrible réalité. En vertu de
cette loi le famélique est condamné, de par sa faim même, à ne recevoir
pour son travail qu'une pitance de misère. La dure expérience confirme chaque jour cette nécessité qui découle du droit de la force. Même
quand l'individu est devenu inutile au maître quand il ne vaut plus rien,
n'est-ce pas la règle de le laisser périr ?

Ainsi, sans paradoxe aucun, le peuple - ou tout au moins la partie du
peuple qui a le loisir de penser - en sait d'ordinaire beaucoup plus long
que la plupart des savants, et cela sans avoir passé par les universités ;
il ne connaît pas les détails à l'infini, il n'est pas initié à mille formules
de grimoire ; il da pas la tête emplie de noms en toute langue comme
un catalogue de bibliothèque, mais son horizon est plus large, il voit
plus loin, d'un côté dans les origines barbares, de l'autre dans l'avenir
transformé ; il a une compréhension meilleure de la succession des événements ; il prend une part plus consciente aux grands mouvements
de l'histoire ; il connaît mieux la richesse du globe : il est Plus homme
enfin. À cet égard, on peut dire que tel camarade anarchiste de notre
connaissance, jugé digne par la société d'aller mourir en prison, est
réellement plus savant que toute une académie ou que toute une bande
d'étudiants frais émoulus de l'Université, bourrés de faits scientifiques.
Le savant a son immense utilité comme carrier : il extrait les matériaux,
mais ce n'est pas lui qui les emploie, c'est au peuple, à l'ensemble des
hommes associés qu'il appartient d'élever l'édifice.

Que chacun fasse appel à ses souvenirs pour constater les changements
qui, depuis le milieu du XIXe siècle se sont produits dans la manière
de penser et de sentir, et qui nécessitent par conséquent des modifica-
tions correspondantes dans la manière d'agir. La nécessité d'un maître,
d'un chef ou capitaine en toute organisation, paraissait hors de doute :
un Dieu dans le ciel, ne fût-ce que le Dieu de Voltaire ; un souverain
sur un trône ou sur un fauteuil, ne fût-ce qu'un roi constitutionnel ou
un président de république, « un porc à l'engrais », suivant l'heureuse

expression de l'un d'entre eux ; un patron pour chaque usine, un bâtonnier dans chaque corporation, un mari, un père à grosse voix, dans chaque ménage. Mais de jour en jour le préjugé se dissipe et le prestige des maîtres diminue ; les auréoles pâlissent à mesure que grandit le jour. En dépit du mot d'ordre, qui consiste à faire semblant de croire, même quand on ne croit pas, en dépit des académiciens et des normaliens qui doivent à leur dignité de feindre, la foi s'en va et malgré les agenouillements, les signes de croix et les parodies mystiques, la croyance en ce Maître Éternel dont était dérivé le pouvoir de tous les maîtres mortels se dissipe comme un rêve de nuit. Ceux qui ont visité l'Angleterre et les États-Unis a vingt années d'intervalle s'étonnent de la prodigieuse transformation qui s'est accomplie à cet égard dans les esprits. On avait quitté des hommes fanatiques, intolérants, féroces dans leurs croyances religieuses et politiques ; on retrouve des gens à l'intelligence ouverte, à la pensée libre, au cœur élargi. Ils ne sont plus hantés par l'hallucination du Dieu vengeur.

La diminution du respect est dans la pratique de la vie le résultat le plus important de cette évolution des idées. Allez chez les prêtres, bonzes ou marabouts : d'où vient leur amertume ? de ce qu'on ose penser sans leur avis. Et chez tes grands personnages : de quoi se plaignent-ils ? de ce qu'on les aborde comme d'autres hommes. On ne leur cède plus le pas, on néglige de les saluer. Et quand on obéit aux représentants de l'autorité, parce que le gagne-pain l'exige, et qu'on leur donne en même temps les signes extérieurs du respect, on sait ce que valent ces maîtres ; et leurs propres subordonnés sont les premiers à les tourner en ridicule. Il ne se passe pas de semaine que des juges siégeant en robe rouge, toque sur tête, ne soient insultés, bafoués par leurs victimes sur la sellette. Tel prisonnier a même lancé son sabot à la tête du président. Et les généraux ! Nous les avons vus à l'œuvre. Nous les avons vus, importants, bouffis, solennels, inspecter les avant-postes, ne se donnant pas même la peine de monter en ballon ou d'y envoyer un officier pour examiner les positions de l'ennemi. Nous les avons entendus donnant l'ordre de démolir des ponts que nulle batterie ne menaçait, et accuser leurs ingénieurs d'avoir construit des ponts trop courts pour leurs colonnes d'attaque. Nous avons écouté avec angoisse cette terrible canonnade du Bourget, où quelques centaines de malheureux brûlaient leurs « dernières cartouches », attendant vainement que le « généralissime » envoyât à leur secours une partie du demi-million d'hommes qui obéissaient à sa voix ! Puis nous avons vu avec stupeur cette belle « affaire Dreyfus » où il nous fut prouvé, par les officiers eux-mêmes, que les jugements par ordre, la gestion de lupanars et la rédaction de « faux patriotiques » n'ont rien de contraire aux usages et à l'honneur de l'armée. Est-il étonnant dans ces conditions que le respect s'en aille, et même qu'il se change en mépris !

Il est vrai, le respect s'en va, non pas ce juste respect qui s'attache à l'homme de droiture, de dévouement et de labeur, mais ce respect bas et honteux qui suit la richesse ou la fonction, ce respect d'esclave qui porte la foule des badauds vers le passage d'un roi et qui change les laquais et les chevaux d'un grand personnage en objets d'admiration. Et non seulement le respect s'en va, mais ceux-là qui prétendent le plus à la considération de tous sont les premiers à compromettre leur rôle d'êtres surhumains. Autrefois les souverains d'Asie connaissaient l'art de se faire adorer. On voyait de loin leurs palais ; leurs statues se dressaient Partout, on lisait leurs édits, mais ils ne se montraient point. Les plus familiers de leurs sujets ne les abordaient qu'à genoux, parfois un voile s'ouvrait à demi pour les montrer comme dans un éclair et les faire disparaître soudain, laissant tout émue l'âme de ceux qui les avaient entrevus un instant. Alors le respect était assez profond pour tenir de la prostration : un muet portait aux condamnés un cordon de soie et cela suffisait pour que le fidèle adorateur se pendît aussitôt. Le sujet d'un émir, dans l'Asie centrale, devait se présenter devant son maître, la tête penchée sur l'épaule droite, une corde à son cou bien dégagé, avec un glaive tranchant suspendu à cette corde, afin que le maître n'eût à son caprice que l'arme à saisir pour se défaire de l'esclave docile. Tamerlan, se promenant au haut d'une tour, fait un signe aux cinquante courtisans qui l'environnent, et tous se précipitent dans l'espace. Que sont en comparaison les Tamerlan de nos jours, sinon des apparences plus ou moins, quoique toujours redoutables. Devenue pure fiction constitutionnelle, l'institution royale a perdu cette sanction du respect universel qui lui donnait toute sa valeur. « Le roi, la foi, la loi », disait-on jadis. « La foi » n'y est plus, et sans elle le roi et la loi s'évanouissent transformés en fantômes. Mais hélas ! Qu'ils sont durs à mourir. Ces morts sont aussi de ceux « qu'il faut qu'on tue ! »

Chapitre VIII

Chapitre IX

Naissance de l'Internationale

- Naissance de l'Internationale - Les grèves - Impuissance des ouvriers dans leurs grèves partielles contre la grande industrie - La grève des drapiers de Vienne, premier exemple de saisie des usines comme propriété collective - La grève générale et la grève des soldats – La solidarité des grévistes. Les associations communautaires - Difficultés d'adaptation à un milieu nouveau - Phalanstère du Texas et Freiland – Associations coopératives et sociétés anarchistes - La Commune de Montreuil.

L'ignorance diminue, et, chez les évolutionnistes révolutionnaires, le savoir dirigera bientôt le pouvoir. C'est là le fait capital qui nous donne confiance dans les destinées de l'Humanité : malgré l'infinie complexité des choses, l'histoire nous prouve que les éléments de progrès l'emporteront sur ceux de régression. En mettant en regard tous les faits de la vie contemporaine, ceux qui témoignent d'une décadence relative et ceux qui au contraire indiquent une marche en avant, on constate que les derniers l'emportent en valeur et que l'évolution journalière nous rapproche incessamment de cet ensemble de transformations, pacifiques ou violentes, que d'avance on appelle « révolution sociale », et qui consistera surtout à détruire le pouvoir despotique des personnes et des choses, et l'accaparement personnel des produits du travail collectif.

Le fait capital est la naissance de l'Internationale des travailleurs. Sans doute, elle était en germe depuis que les hommes de nations différentes se sont entraidés en toute sympathie et pour leurs intérêts communs ; elle prit même une existence théorique le jour où les philosophes du XVIIIe siècle dictèrent à la Révolution française la proclamation des « Droits de l'Homme » ; mais ces droits étaient restés une simple formule et l'assemblée qui les avait criés au monde se gardait bien de les appliquer : elle n'osait pas même abolir l'esclavage des Noirs de Saint-Domingue et ne céda qu'après des années d'insurrection, lorsque la dernière chance de salut était à ce prix. Non, l'Internationale, qui par tous pays civilisés était en voie de formation, ne prit conscience d'elle-même que pendant la deuxième moitié du XIXe siècle, et c'est dans le monde du travail qu'elle surgit : les « classes dirigeantes » n'y furent pour rien. L'Internationale ! Depuis la découverte de l'Amérique et la circumnavigation de la Terre, nul fait n'eut plus d'importance dans l'histoire des hommes. Colomb, Magellan, El Cano avaient constaté, les premiers, l'unité matérielle de la Terre, mais la future unité normale que désiraient les philosophes n'eut un commencement de réalisation qu'au jour où des travailleurs anglais, français, allemands, oubliant la différence d'origine et se comprenant les uns les autres malgré la diversité du langage, se réunirent pour ne former qu'une seule et même nation, au mépris de tous les gouvernements respectifs. Les commencements de l'œuvre furent Peu de choses : a peine quelques milliers d'hommes s'étaient groupés dans cette association, cellule primitive de l'Humanité future, mais les historiens comprirent l'importance capitale de l'événement qui venait de s'accomplir. Et dès les premières années de son existence, pendant la Commune de Paris, on put voir, par le renversement de la colonne Vendôme, que les idées de l'Internationale étaient devenues une réalité vivante. Chose inouïe jusqu'alors, les vaincus renversèrent avec enthousiasme le monument d'anciennes victoires, non pour flatter lâchement ceux qui venaient de vaincre à leur tour, mais pour témoigner de leur sympathie fraternelle envers les frères qu'on avait menés contre eux, et de leurs sentiments d'exécration contre les maîtres et rois qui de part et d'autre conduisaient leurs sujets à l'abattoir. Pour ceux qui savent se placer en dehors des luttes mesquines des partis et contempler de haut la marche de l'histoire, il n'est pas, en ce siècle, de signe des temps qui ait une signification plus imposante que le renversement de la colonne impériale sur sa couche de fumier !

On l'a redressée depuis, de même qu'après la mort de Charles 1er et de Louis XVI on restaura les royautés d'Angleterre et de France, mais on sait ce que valent les restaurations ; on peut recrépir les lézardes, mais la poussée du sol ne manquera pas de les rouvrir : on peut rebâtir les édifices, mais on ne fait pas renaître la foi première qui les avait édifiés. Le passé ne se restaure, ni l'avenir ne s'évite. Il est vrai que tout un appareil de lois interdit l'Internationale. En Italie on l'a qualifiée d'« association de malfaiteurs » et en France on a promulgué contre elles les « lois scélérates ». On en punit les membres du cachot et du bagne. En Portugal c'est un crime durement châtié que de prononcer son nom.

Précautions misérables ! Sous quelque nom qu'on la déguise, la fédération internationale des travailleurs n'en existe et ne s'en développe pas moins, toujours plus solidaire et plus puissante. C'est même une singulière ironie du sort de nous montrer combien ces ministres et ces magistrats, ces législateurs et leurs complices, sont des êtres prompts à se duper eux-mêmes et combien ils s'empêtrent dans leurs propres lois. Leurs armes ont à peine servi que déjà, tout émoussées, elles n'ont plus de tranchant. Ils prohibent l'Internationale, mais ce qu'ils ne peuvent prohiber, c'est l'accord naturel et spontané de tous les travailleurs qui pensent, c'est le sentiment de solidarité qui les unit de plus en plus, c'est leur alliance toujours plus intime contre les parasites de diverses nations et de diverses classes. Ces lois ne servent qu'à rendre grotesques les graves et majestueux personnages qui les édictent. Pauvres fous, qui commandez à la mer de reculer !

Il est vrai que les armes dont se servent les ouvriers dans leur lutte de revendication peuvent sembler ridicules, et la plupart du temps le sont en effet. Lorsqu'ils ont à se plaindre de quelque criante injustice, lorsqu'ils veulent témoigner de leur esprit de solidarité avec un camarade offensé, ou bien quand ils réclament un salaire supérieur ou la diminution des heures de travail, ils menacent les patrons de se croiser les bras : comme les plébéiens de la république romaine, ils abandonnent le labeur accoutumé et se retirent sur leur « Mont Aventin ». On ne les ramène plus à l'ouvrage en leur racontant des fables sur les « Membres et l'Estomac », quoique les journaux bien-pensants nous servent encore cet apologue sous des formes diverses, mais on les entoure de troupes, l'arme chargée, la baïonnette au canon, et on les tient sous la menace constante du massacre : c'est ce que l'on appelle « protéger la liberté du travail ».

Parfois les soldats tirent en effet sur les travailleurs en grève : un peu de sang baptise le seuil des ateliers ou le bord des puits de mine. Mais si les armes n'interviennent pas, la faim n'en accomplit pas moins son oeuvre : les travailleurs, dépourvus de toute épargne personnelle, privés de crédit, se trouvent en présence de l'implacable fatalité : ils ne sont plus soutenus par l'ivresse que leur avaient donnée la colère et l'enthousiasme des premiers jours, et sous peine de suicide, ils n'ont plus qu'à céder, à subir humblement les conditions imposées et à rentrer la tête basse dans cette mine que, hier encore, ils appelaient le bagne. C'est que réellement la partie West pas égale ; d'un côté le capitaliste physiquement dispos est sans nulle crainte pour le maintien de son bien-être ; le boulanger et tous les autres fournisseurs continuent de s'empresser autour de lui et les soldats de monter la garde à la porte de sa demeure ; toute la puissance de l'État, même, s'il est nécessaire, celle des États voisins, se mettent à son service. Et de l'autre côté, une foule d'hommes qui baissent les yeux, de peur qu'on n'en voie l'étincelle, et qui se promènent vagues et faméliques, dans l'attente d'un miracle !

Et cependant ce miracle s'effectue quelquefois. Tel patron besogneux est sacrifié par ses confrères qui jugent inutile de se solidariser avec lui. Tel autre chef d'usine ou d'atelier, se sentant manifestement dans son tort, cède à la majesté du vrai ou bien à la pression de l'opinion publique. En nombre de petites grèves où les intérêts engagés ne représentent qu'un faible capital et où l'amour-propre des puissants barons de la finance ne risque pas d'être lésé les travailleurs remportent un facile triomphe : parfois même, quelque ambitieux rival da pas été fâché de jouer un mauvais tour à un collègue qui le gênait et de le brouiller mortellement avec ses ouvriers. Mais quand il s'agit de luttes vraiment considérables où de grands capitaux sont en jeu et où J'esprit de corps sollicite toutes les énergies, l'énorme écart des ressources entre les forces en conflit ne permet guère à des pauvres n'ayant que leurs muscles et leur bon droit d'espérer la victoire contre une ligue de capitalistes. Ceux-ci peuvent accroître indéfiniment leur fonds de résistance et disposent en outre de toutes les ressources de l'État et de l'appui des compagnies de transport. La statistique annuelle des grèves nous prouve par des chiffres indiscutables que ces chocs inégaux se terminent de plus en plus fréquemment par l'écrasement des ouvriers en grève. La stratégie de ce genre de guerre est désormais bien connue : les chefs d'usines et de compagnies savent qu'en pareille occurrence ils disposent librement des capitaux des sociétés similaires, de l'armée et de la tourbe infime des meurt-de-faim.

Ainsi les historiens de la période contemporaine doivent reconnaître que dans les conditions du milieu la pratique des grèves partielles, entreprises par des foules aux bras croisés, ne présente certainement aucune chance d'amener une transformation sociale. Mais ce qu'il importe d'étudier, ce ne sont pas tant les faits actuels que les idées et les tendances génératrices des événements futurs. Or la puissance de l'opinion dans le monde des travailleurs se manifeste puissamment, dépassant de beaucoup ce petit mouvement des grèves qui, en résumé, reconnaît et par conséquent confirme en principe le salariat, c'est-à-dire la subordination des ouvriers aux bailleurs de travail. Or, dans les assemblées où la pensée de chacun se précise en volonté collective, l'accroissement des salaires n'est point l'idéal acclamé : c'est pour l'appropriation du sol et des usines, considérée déjà comme le point de départ de la nouvelle ère sociale, que les ouvriers de tous les pays, réunis en congrès, se prononcent en parfait accord. L'Angleterre, les États-Unis, le Canada, l'Australie retentissent du cri : « Nationalisation du sol », et déjà certaines communes, même le gouvernement de la Nouvelle-Zélande, ont jugé bon de céder partiellement aux revendications populaires. Est-ce que la littérature spontanée des chansons et des refrains socialistes n'a pas déjà repris en espérance tous les produits du travail collectif ?

Nègre de l'usine, Forçat de la mine, Ilote des champs, Lève-toi, peuple puissant : Ouvrier, prends la machine ! Prends la terre, paysan !

Et la compréhension naissante du travailleur ne s'évapore pas toute en chansons. Certaines grèves ont pris un caractère agressif et menaçant. Ce ne sont plus seulement des actes de désespoir passif, des promenades de faméliques demandant du pain : telle de ces manifestations eut des allures fort gênantes pour les capitalistes. N'avons-nous pas vu aux États-Unis les ouvriers, maîtres pendant huit jours de tous les chemins de fer de l'Indiana et d'une partie du versant de l'Atlantique ? Et, lors de la grande grève des chargeurs et Portefaix de Londres, tout le quartier des Docks ne s'est-il pas trouvé de fait entre les mains d'une foule internationale, fraternellement unie ? Nous avons vu mieux encore. À Vienne, près de Lyon, des centaines d'ouvriers et d'ouvrières, presque tous tisseurs de lainages, ont su noblement fêter la journée du 1er mai en forçant les portes d'une fabrique, non en pillards, mais en justiciers : solennellement, avec une sorte de religion, ils s'emparent d'une pièce de drap, qu'ils avaient eux-mêmes tissée, et tranquillement ils se partagent cette étoffe, longue de plus de trois cents mètres, et cela sans ignorer que les brigades de gendarmerie, mandées de toutes les villes voisines par télégraphe, se groupaient sur la place publique pour leur livrer

Élisée Reclus

bataille et peut-être les fusiller ; mais ils savaient aussi que leur acte de mainmise sur l'usine, véritable propriété collective, ravie par le capital, ne serait point oubliée par leurs frères en travail et en souffrance. Ils se sacrifièrent donc pour le salut commun, et des milliers d'hommes ont juré qu'ils suivraient cet exemple. N'est-ce pas là une date mémorable dans l'histoire de l'humanité ? C'est bien une révolution dans la plus noble acception du mot ; d'ailleurs, si cette révolution avait eu la force de son côté, elle n'en serait pas moins restée absolument pacifique.

La question majeure est de savoir si la morale des ouvriers condamne ou justifie de pareils actes. Si elle se trouve de plus en plus d'accord à l'approuver, elle créera les faits sociaux correspondants. Le maçon réclamera la demeure qu'il construit, de même que le tisseur a pris l'étoffe tissée par lui, et l'agriculteur mettra la main sur le produit du sillon. Tel est l'espoir du travailleur et telle est aussi la crainte du capitaliste. Aussi quelques cris de désespoir se sont-ils fait entendre dans le camp des privilégiés, et quelques-uns d'entre eux ont-ils eu déjà recours à des mesures suprêmes de salut. Ainsi la fameuse usine de Homestead, en Pennsylvanie, est bâtie en citadelle, avec tous les moyens de défense et de répression contre les ouvriers que peut fournir la science moderne. En d'autres usines on emploie de préférence le travail des forçats, que l'État prête bénévolement pour un moindre salaire ; tous les efforts des ingénieurs sont dirigés vers l'emploi de la force brute des machines dirigée par l'impulsion inconsciente d'hommes sans idéal et sans liberté. Mais ceux qui veulent se passer d'intelligence ne le peuvent qu'à la condition de s'affaiblir, de se mutiler et de préparer ainsi la victoire d'hommes plus intelligents qu'eux : ils fuient devant les difficultés de la lutte, qui les atteindra bientôt.

Dès que l'esprit de revendication pénétrera la masse entière des opprimés, tout événement, même d'importance minime en apparence, pourra déterminer une secousse de transformation : c'est ainsi qu'une étincelle fait sauter tout un baril de poudre. Déjà des signes avant-coureurs ont annoncé la grande lutte. Ainsi, lorsque, en 18go, retentit l'appel du « 1er mai » lancé par un inconnu quelconque, peut-être par un camarade australien, on vit les ouvriers du monde s'unir soudain dans une même pensée. Ils prouvèrent ce jour-là que l'Internationale, officiellement enterrée, était pourtant bien ressuscitée, et cela non à la voix des chefs, mais par la pression des foules. Ni les « sages conseils » des socialistes en place, ni l'appareil répressif des gouvernements ne purent empêcher les opprimés de toutes les nations de se sentir frères sur le pourtour de la planète et de se le dire les uns aux autres. Et cependant il s'agissait en apparence de bien peu de chose, d'une simple manifestation platonique, d'une parole de ralliement, d'un mot de passe ! En effet, patrons et gouvernements, aidés par les chefs socialistes eux-mêmes, ont réduit ce mot fatidique à n'être plus qu'une formule sans valeur. Néanmoins, ce cri, cette date fixe avaient pris un sens épique par leur universalité.

Tout autre cri, soudain, spontané, imprévu, peut amener des résultats plus surprenants encore. La force des choses, c'est-à-dire l'ensemble des conditions économiques, fera certainement naître pour une cause ou pour une autre, à propos de quelque fait sans grande importance, une des crises qui passionnent même les indifférents, et nous verrons tout à coup jaillir cette immense énergie qui s'est emmagasinée dans le cœur des hommes par le sentiment violé de la justice, par les souffrances inexpiées, par les haines inassouvies. Chaque jour peut amener une catastrophe. Le renvoi d'un ouvrier, une grève locale, un massacre fortuit, peuvent être la cause de la révolution : c'est que le sentiment de solidarité gagne de plus en plus et que tout frémissement local tend à ébranler l'Humanité. Il y a quelques années, un nouveau mot de ralliement, « grève générale », éclata dans les ateliers. Ce mot parut bizarre, on le prit pour l'expression d'un rêve, d'une espérance chimérique, puis on le répéta d'une voix plus haute, et maintenant il retentit si fort que maintes fois le monde des capitalistes en a tremblé. Non, la grève générale, et j'entends par ce mot, non pas la simple cessation du travail, mais une revendication agressive de tout l'avoir des travailleurs ; non, cet événement n'est pas impossible ; il est même devenu inévitable, et peut être prochain. Salariés anglais, belges, français, allemands, américains, australiens comprennent qu'il dépend d'eux de refuser le même jour tout travail à leurs patrons, d'occuper ce même jour l'usine à leur profit collectif, et ce qu'ils comprennent, ou du moins pressentent, aujourd'hui, pourquoi ne le pratiqueraient-ils pas demain, surtout si à la grève des travailleurs s'ajoute celle des soldats ? Les journaux se taisent unanimement avec une prudence parfaite quand des militaires se rebellent ou quittent le service en masse. Les conservateurs qui veulent absolument ignorer les faits qui ne s'accordent pas avec leur désir, s'imaginent volontiers que pareille abomination sociale est impossible, mais les désertions collectives, les rébellions partielles, les refus de tirer sont des phénomènes qui se produisent fréquemment dans les armées mal encadrées et qui ne sont pas tout à fait inconnus dans les organisations militaires les plus solides. Ceux d'entre nous qui se rappellent la Commune voient encore par la mémoire les milliers d'hommes que Thiers avait laissés dans Paris et que le peuple désarma et convertit si facilement à sa cause. Quand la majorité des soldats sera pénétrée du vouloir de la grève, l'occasion de la réaliser se présentera tôt ou tard.

La grève ou plutôt l'esprit de grève, pris dans son sens le plus large, vaut surtout par la solidarité qu'il établit entre tous les revendicateurs du droit. En luttant pour la même cause, ils apprennent à s'entr'aimer. Mais il existe aussi des oeuvres d'association directe, et celles-ci contribuent également pour une part croissante à la révolution sociale. Il est vrai que ces associations de forces entre pauvres, agriculteurs ou gens d'industrie, rencontrent de très grands obstacles par suite du manque de ressources matérielles chez les individus : la nécessité du gagne-pain les oblige presque tous, soit a quitter le sol natal pour vendre leur force de travail au plus offrant, soit à rester sur place en acceptant les conditions, si mesquines soient-elles, qui leur sont faites par les distributeurs de la main-d'œuvre. De toutes manières ils sont asservis et la besogne journalière leur interdit de faire des plans d'avenir, de choisir à leur guise des associés dans la bataille de la vie. C'est donc d'une manière toute exceptionnelle qu'ils arrivent à réaliser une oeuvre de faible ampleur, offrant néanmoins, relativement au monde ambiant, un caractère de vie nouvelle. Néanmoins de très nombreux indices de la société future se montrent chez les ouvriers, grâce à des circonstances propices et à la force de l'idée qui pénètre même des milieux sociaux appartenant au monde des privilégiés.

Souvent on se plaît à nous interroger avec sarcasme sur les tentatives d'associations plus ou moins communautaires déjà faites en diverses parties du monde, et nous aurions peu de jugement si la réponse à ces questions nous gênait en quoi que ce soit. Il est vrai : l'histoire de ces associations raconte beaucoup plus d'insuccès que de réussites, et il ne saurait en être différemment puisqu'il s'agit d'une révolution complète,

Chapitre IX

le remplacement du travail, individuel ou collectif, au profit d'un seul, par le travail de tous au profit de tous. Les personnes qui se groupent pour entrer dans une de ces sociétés à idéal nouveau ne sont point elles-mêmes complètement débarrassées des préjugés, des pratiques anciennes, de l'atavisme invétéré ; elles n'ont pas encore « dépouillé le vieil homme » ! Dans le microcosme « anarchiste » ou « harmoniste » qu'ils ont formé, ils ont toujours à lutter contre les forces de dissociation, de disruption, que représentent les habitudes, les mœurs, les liens de famille, toujours si puissants, les amitiés aux doucereux conseils, les amours aux jalousies féroces, les retours d'ambition mondaine, le besoin des aventures, la manie du changement. L'amour-propre, le sentiment de la dignité peuvent soutenir les novices pendant un certain temps, mais au premier mécompte, on se laisse facilement envahir par une secrète espérance, celle que l'entreprise ne pourra réussir et que l'on replongera de nouveau dans les flots tumultueux de la vie extérieure. On se rappelle l'expérience des colons de Brook Farm, dans la Nouvelle-Angleterre, qui, tout en restant fidèles à l'association, mais seulement par un lien de vertu, par fidélité à leur impulsion première, n'en furent pas moins enchantés de ce qu'un incendie vint détruire leur palais sociétaire, les déliant ainsi du vœu contracté par eux, avec une sorte de serment intérieur, quoique en dehors des formes monacales. Évidemment, l'association était condamnée à périr, même sans que l'incendie réalisât le désir intime de plusieurs, puisque la volonté profonde des sociétaires se trouvait en désaccord avec le fonctionnement de leur colonie.

Pour des causes analogues, c'est-à-dire le manque d'adaptation au milieu, la plupart des associations communautaires ont péri : elles n'étaient pas réglées, comme les casernes ou les couvents, par la volonté absolue de maîtres religieux ou militaires, et par l'obéissance non moins absolue des inférieurs, soldats, moines ou religieuses ; et d'autre part, elles n'avaient pas encore le lien de solidarité parfaite que donnent le respect absolu des personnes, le développement intellectuel et artistique, la perspective d'un large idéal sans cesse agrandi. Les occasions de dissentiment ou même de désunion sont d'autant plus à prévoir que les colons, attirés Par le mirage d'une contrée lointaine, se sont dirigés vers une terre toute différente de la leur, où chaque chose leur paraît étrange, où l'adaptation au sol, au climat, aux mœurs locales est soumise aux plus grandes incertitudes. Les phalanstériens qui, peu après la fondation du second Empire, accompagnèrent Victor Considérant dans les plaines du Texas septentrional, marchaient à une ruine certaine, puisqu'ils allaient s'établir au milieu de populations dont les mœurs brutales et grossières devaient nécessairement choquer leur fin épiderme de Parisiens, puisqu'ils entraient en contact avec cette abominable institution de l'esclavage des Noirs, sur laquelle il leur était même interdit par la loi d'exprimer leur opinion. De même, la tentative de *Freiland* ou de la « Terre libre », faite sous la direction d'un docteur autrichien en des contrées connues seulement par de vagues récits et péniblement conquises par une guerre d'extermination, présentait aux yeux de l'historien quelque chose de bouffon : il était d'avance évident que tous ces éléments hétérogènes ne pouvaient s'unir en un ensemble harmonieux.

Aucun de ces insuccès ne saurait nous décourager, car les efforts successifs indiquent une tension irrésistible de la volonté sociale : ni les déconvenues ni les moqueries ne peuvent détourner les chercheurs. D'ailleurs ils ont toujours sous les yeux l'exemple des « coopératives », sociétés de consommation et autres, qui, elles aussi, eurent des commencements difficiles et qui maintenant ont, en si grand nombre, atteint une prospérité merveilleuse. Sans doute, la plupart de ces associations ont fort mal tourné, surtout parmi les plus prospères, en ce sens que les bénéfices réalisés et le désir d'en accroître l'importance ont allumé l'amour du lucre chez les coopérateurs, ou du moins les ont détournés de la ferveur révolutionnaire des jeunes années. C'est là le plus redoutable péril, la nature humaine étant prompte à saisir des prétextes pour s'éviter les risques de la lutte. Il est si facile de se cantonner dans sa « bonne oeuvre », en écartant les préoccupations et les dangers qui naissent du dévouement à la cause révolutionnaire dans toute son ampleur. On se dit qu'il importe avant tout de faire réussir l'entreprise à laquelle l'honneur collectif d'un grand nombre d'amis se trouve attaché, et peu à peu on se laisse entraîner aux petites pratiques du commerce habituel : on avait eu le ferme vouloir de transformer le monde, et tout bonnement on se transforme en simple épicier.

Néanmoins les anarchistes studieux et sincères peuvent tirer un grand enseignement de ces innombrables coopératives qui ont surgi de toutes parts et qui s'agrègent les unes aux autres, constituant des organismes de plus en plus vastes, de manière à embrasser les fonctions les plus diverses, celles de l'industrie, du transport, de l'agriculture, de la science, de l'art et du plaisir et qui s'évertuent même à constituer un organisme complet pour la production, la consommation et le rythme de la vie esthétique. La pratique scientifique de l'aide mutuelle se répand et devient facile ; il ne reste plus qu'à lui donner son véritable sens et sa moralité, en simplifiant tout cet échange de services, en ne gardant qu'une simple statistique de produits et de consommation à la place de tous ces grands livres de « doit » et d'« avoir », devenus inutiles.

Et cette révolution profonde n'est pas seulement en voie d'accomplissement, elle se réalise çà et là. Toutefois il serait inutile de signaler les tentatives qui nous semblent se rapprocher le plus de notre idéal, car leurs chances de succès ne peuvent que s'accroître si le silence continue de les protéger, si le bruit de la réclame ne trouble pas leurs modestes commencements. Rappelons-nous l'histoire de la petite société d'amis qui s'était groupée sous le nom de « Commune de Montreuil ». Peintres, menuisiers, jardiniers, ménagères, institutrices s'étaient mis en tête de travailler simplement les uns pour les autres sans se donner un comptable pour intermédiaire et sans demander conseil du percepteur ou du tabellion. Celui qui avait besoin de chaises ou de tables allait les prendre chez l'ami qui en fabriquait ; celui-ci, dont la maison n'était plus bien propre, avertissait un camarade, qui apportait le lendemain son pinceau et son baquet de peinture. Quand le temps était beau, on se parait du linge propre bien tenu et repassé par les citoyennes, puis on allait en promenade cueillir des légumes frais chez le compagnon jardinier, et chaque jour les mômes apprenaient à lire chez l'institutrice. C'était trop beau ! Pareil scandale devait cesser. Heureusement un « attentat anarchiste » avait jeté l'épouvante parmi les bourgeois, et le ministre dont le vilain nom rappelle les « conventions scélérates » avait eu l'idée d'offrir aux conservateurs, en présent de bonne année, un décret d'arrestations et de perquisitions en masse. Les braves communiers de Montreuil y passèrent, et les plus coupables, c'est-à-dire les meilleurs, eurent à subir cette torture déguisée qu'on appelle l'instruction secrète. C'est ainsi que l'on tua la petite Commune redoutée ; mais, n'ayez crainte, elle renaîtra.

Élisée Reclus

Chapitre X

Dernières luttes

*Dernières luttes - Future coïncidence pacifique, par l'anarchie, de l'évolu-
tion et de la révolution - L'ordre dans le mouvement.*

Il me souvient, comme si je la vivais encore, d'une heure poignante
de ma vie où l'amertume de la défaite n'était compensée que par la joie
mystérieuse et profonde, presque inconsciente, d'avoir agi suivant mon
coeur et ma volonté, d'avoir été moi-même, malgré les hommes et le
destin. Depuis cette époque, un tiers de siècle s'est écoulé déjà.

La Commune de Paris était en guerre contre les troupes de Versailles,
et le bataillon dans lequel j'étais entré avait été fait prisonnier sur le
plateau de Châtillon. C'était le matin, un cordon de soldats nous en-
tourait et des officiers moqueurs se pavanaient devant nous. Plusieurs
nous insultaient ; l'un qui, plus tard, devint sans doute un des éléments
parleurs de l'Assemblée, pérorait sur la folie des Parisiens : mais nous
avions autres soucis que de l'écouter. Celui d'entre eux qui me frappa le
plus était un homme sobre de paroles, au regard dur, à la figure d'ascète,
probablement un hobereau de campagne élevé par les jésuites. Il pas-
sait lentement sur le rebord abrupt du plateau, et se détachait en noir
comme une vilaine ombre sur le fond lumineux de Paris. Les rayons
du soleil naissant s'épandaient en nappe d'or sur les maisons et sur les
dômes : jamais la belle cité, la ville des révolutions, ne m'avait paru plus
belle ! « Vous voyez votre Paris ! » disait l'homme sombre en nous
montrant de son arme l'éblouissant tableau ; « Eh bien, il n'en restera
pas pierre sur pierre ! »

En répétant d'après ses maîtres cette parole biblique, appliquée jadis
aux Ninives et aux Babylones, le fanatique officier espérait sans doute
que son cri de haine serait une prophétie. Toutefois Paris n'est point
tombé ; non seulement il en reste « pierre sur pierre » ; mais ceux dont
l'existence lui faisait exécrer Paris, c'est-à-dire ces trente-cinq mille
hommes que l'on égorgea dans les rues, dans les casernes et dans les
cimetières, ne sont point morts en vain, et de leurs cendres sont nés

des vengeurs. Et combien d'autres « Paris », combien d'autres foyers de révolution consciente sont nés de par le monde ! Où que nous allions, à Londres ou à Bruxelles, à Barcelone ou à Sydney, à Chicago ou à Buenos Aires, partout nous avons des amis qui sentent et parlent comme nous. Sous la grande forteresse qu'ont bâtie les héritiers de la Rome césarienne et papale, le sol est miné partout et partout on attend l'explosion. Trouverait-on encore, comme au siècle dernier, des Louis XV assez indifférents pour hausser les épaules en disant : « Après moi le déluge ! » C'est aujourd'hui, demain peut-être, que viendra la catastrophe. Balthazar est au festin, mais il sait bien que les Perses escaladent les murailles de la cité.

De même que l'artiste pensant toujours à son oeuvre la tient entière en son cerveau avant de l'écrire ou de la peindre, de même l'historien voit d'avance la révolution sociale : pour lui, elle est déjà faite. Toutefois nous ne nous leurrons point d'illusions : nous savons que la victoire définitive nous coûtera encore bien du sang, bien des fatigues et des angoisses. À l'Internationale des opprimés répond une Internationale des oppresseurs. Des syndicats s'organisent de par le monde pour tout accaparer, produits et bénéfices, pour enrégimenter tous les hommes en une immense armée de salariés. Et ces syndicats de milliardaires et de faiseurs, circoncis et incirconcis, sont absolument certains, que par la toute-puissance de l'argent ils auront à leurs gages les gouvernements et leur outillage de répression : armée, magistrature et police. Ils espèrent en outre que par l'habile évocation des haines de races et de peuples, ils réussiront à tenir des foules exploitables dans cet état d'ignorance patriotique et niaise qui maintient la servitude. En effet, toutes ces vieilles rancunes, ces traditions d'anciennes guerres et ces espoirs de revanche, cette illusion de la patrie, avec ses frontières et ses gendarmes, et les excitations journalières des chauvins de métier, soldats ou journalistes, tout cela nous présage encore bien des peines, mais nous avons des avantages que l'on ne peut nous ravir. Nos ennemis savent qu'ils poursuivent une oeuvre funeste et nous savons que la nôtre est bonne ; ils se détestent et nous nous entr'aimons ; ils cherchent à faire rebrousser l'histoire et nous marchons avec elle.

Ainsi les grands jours s'annoncent. L'évolution s'est faite, la révolution ne saurait tarder. D'ailleurs ne s'accomplit-elle pas constamment sous nos yeux, par multiples secousses ? Plus les consciences, qui sont la vraie force, apprendront à s'associer sans abdiquer, plus les travailleurs, qui sont le nombre, auront conscience de leur valeur, et plus les révolutions seront faciles et pacifiques. Finalement, toute opposition devra céder et même céder sans lutte. Le jour viendra où l'Évolution et la Révolution, se succédant immédiatement, du désir au fait, de l'idée à la réalisation, se confondront en un seul et même phénomène. C'est ainsi que fonctionne la vie dans un organisme sain, celui d'un homme ou celui d'un monde.

Chapitre X

ISBN : 978-1511500005

www.ingramcontent.com/pod-product-compliance
Lightning Source LLC
Chambersburg PA
CBHW070909180526
45168CB00005B/1989